Ariel Sequeira
Cesar Aguilar

Factor de Forma para la Tectona grandis L.F, Empresa MLR Forestal

Ariel Sequeira
Cesar Aguilar

Factor de Forma para la Tectona grandis L.F, Empresa MLR Forestal

Modelo matemático para estimación de volumen reales de la Tectona grandis L.F.

PUBLICIA

Imprint

Cover image: www.ingimage.com

Publisher:
PUBLICIA
is a trademark of
International Book Market Service Ltd., member of OmniScriptum Publishing Group
17 Meldrum Street, Beau Bassin 71504, Mauritius

Printed at: see last page
ISBN: 978-620-2-43148-4

Monografía

Factor de forma para la *Tectona grandis* L.F, empresa MLR-Forestal Siuna-2016

Autores

- Cesar Augusto Aguilar Rodríguez
- Ariel Francisco Sequeira Guillen

La elaboración del presente documento va dedicada primeramente a nuestro Señor Jesucristo, que es el que me ha brindado sus bendiciones y la sabiduría para llegar hasta donde estoy, seguidamente a mi familia especialmente a mi madre y mi padre(Claudina Rodríguez Flores y Fausto Aguilar Guido), por haberme apoyado en todo, a mis hermanos que de una u otra manera han estado a lado mío ayudando y apoyándome en lo necesario, anhelando mi superación personal para lograr ser un profesional, a mis amigos, compañeros de clase, y mis maestros que gracias a ellos y sus enseñanzas he logrado llegar a cumplir uno más de mis sueños.

Cesar Aguilar.

Mis logros son Dedicados en primer lugar a Dios por brindarme sabiduría y mis padres (Atanasia Ochoa y Francisco Sequeira), por su apoyo moral y económico.

Ariel Sequeira.

AGRADECIMIENTOS

Incondicionalmente le agradecemos a nuestro padre celestial, nuestro señor Jesucristo por brindarnos sabiduría, paciencia, por habernos guiado por el buen camino, en el transcurso de esta etapa y ayudarnos mucho a cumplir esta meta propuesta.

Nuestra gratitud y agradecimiento a nuestro tutor el Ing. Efraín Peralta Tercero, por brindarnos su apoyo para la culminación de este documento, sus conocimientos, experiencias y por habernos regalado mucho de su tiempo.

Nuestros agradecimiento con la universidad de las Regiones Autónomas de la Costa Caribe Norte (URACCAN), por ser una universidad proveedora de enseñanzas e intercultural y que de no existir, muchos no gozásemos de diversos conocimientos y ni logrado nuestras meta de llegar a ser unos profesionales.

INDICE GENERAL

Contenido

ÍNDICE DE TABLAS

ÍNDICE DE ANEXOS Y FIGURAS

RESUMEN

La presente investigación se realizó en la empresa MLR-Forestal de Nicaragua, en la comunidad de Waspado municipio Siuna, Región Autónoma Costa Caribe Norte (RACCN). Siendo un estudio predictivo, transversal y prospectivo, orientado en la determinación del factor de forma de la *Tectona grandis* L.F.

La muestra equivale a 255 árboles distribuido en 51 parcelas circulares de 1000 m^2 en tres fincas (Waspado con un total de 86.28 ha, Danli con 58.87 y Mutiwas con 52.85) para un total de 198 ha, dentro de cada parcela fueron seleccionados 5 árboles, entre Dominantes, Codominantes y suprimidos; las parcelas de muestreo se hicieron circulares por efecto de distribución.

Se obtuvieron los factores de forma por finca de 0.54 para Waspado, 0.57 para Mutiwas y 0.53 para Danli y un factor de forma promedio general para las tres fincas de 0.55. El cual difiere del factor de forma nacional para las latifoliadas 0.70.

Los datos permitieron construir una tabla para estimaciones de volúmenes en plantaciones de TECA. Para la tabla de volúmenes se seleccionó un modelo potencial de variable combinada ya que este modelo se ajustaba mejor que los errores de los modelos restantes.

Al encontrar el factor de forma real de la *Tectona grandis* L.F obtuvimos las siguientes diferencias con relación al porcentaje de error según el factor de forma estipulado por el INAFOR y con el modelo matemático encontrado, (Porcentaje de error según el factor de forma encontrado (-5.84 %) ff estipulado por el INAFOR es de (19.83 %) y modelo matemático (-11.30 %) los valores negativos hacen una subestimación de volumen real y los positivos hacen una sobreestimación de volumen.

ABSTRACT

The present research was maken at MLR-FORESTRY Corp. Of Nicaragua, in Waspado villaje on siuna municipality of autonomous regi6n of the carbbean coast, this an study to know how to get a better information. About *Tectona Grandis* L:F tree specie

The amount of study are 255 trees that are in 51 circular áreas of one thounsan meter squares in three farms (Waspado farm is 86.28 ha, Danly farm with 58.87 and Mutiwas with 52.85) making a total of 198 ha, on each área we have selected 5 trees between dominants, codominants and suprimited tres; the ppm are circular by default of distributions.

The factor of forms (ff) of each farms are: 0.54 to Waspado, 0.57 to Mutiwas and 0.53 to Danli and a overge factor of foms of 0.55, wich is different of Nicaragua factor forms of 0.70.

The data allowed to construct a table for volume estimates in TECA plantations. For the volume table a potential combined variable model was selected because this model was better fitted than the errors of the remaining models.

When we found the real factor of forms in Tectona Grandis, we noted difference in comparition with error porcent, acording with the INAFOR factor of forms and with mathematical model found; (the error porcent acording with factor of forms found (5.84%) and INAFOR Factor of forms is (19.83%), mathematical model (11.30) where the nagatives values ares are less and the positive is nearly to 20% wich is the max error that Forest law authorice.

I.INTRODUCCION

En la actualidad la producción de teca en plantaciones forestales constituye una actividad de gran importancia, la MLR-Forestal ha establecido plantaciones forestales comerciales con la especie *Tectona grandis* L.F, produciendo beneficios socio-económicos para las zonas rurales donde se desarrollan las actividades, esto como producto de un manejo sustentable y responsable del recurso forestal para lo cual se necesita una tabla volumétrica o un adecuado factor de forma.

Normalmente cada especie debería de tener su factor de forma para la estimación de volumen para así poder minimizar el margen de error, por lo cual en otras investigaciones anteriores se han calculado factores de forma en *Gmelina arbórea* donde el factor de forma encontrado es de 0.407 el cual presenta valores similares a los puestos por el autor **Martin Cuadro Hidalgo** que arroja una cifra 0.46 difiere del general el cual es 0.74 con un error del 93.64% (Castedo, 2011, **p. 47**)

Según (David A. G., 2013) el factor de forma para la especie teca es 0.55 y para melina es de 0.49, donde el MAE (Ministerio del Ambiente de Ecuador) recomienda para la especie latifoliadas un factor de 0.74 con el que se encuentran diferencias significativas al momento de hacer cálculos de volumen.

Desde el punto de vista de proyecciones volumétricas se necesita un factor de forma real para la especie teca puesto que actualmente no se cuenta con uno, por tanto es necesario un estudio de acá de la zona donde se ha plantado, porque varía de acuerdo a sus condiciones climáticas, topográficas y edáficas.

En la actualidad se usa un factor de forma estándar para las especies latifoliadas establecidos por el Instituto Nacional Forestal (INAFOR) el cual es de 0.70; La empresa MLR-Forestal posee un componente forestal amplio por tal motivo la determinación del factor de forma para la especie *Tectona grandis* L.F, es un elemento indispensable y necesario para estimar volúmenes reales y ajustar las expectativas de ingresos futuras a partir de estas plantaciones, por lo que se justifica el presente tema de tesis.

¿Cuál es el factor de forma real de la Teca en las plantaciones de la empresa MLR-Forestal?

II. OBJETIVOS

Objetivo general

Determinar el factor de forma de la *Tectona grandis* L.F, en la empresa MLR-Forestal Siuna-2016.

Objetivos específicos

Estimar el factor de forma de la *Tectona grandis* L.F

Determinar un modelo matemático para las estimaciones de volumen reales de la *Tectona grandis* en el municipio de Siuna-RACCN.

Determinar las diferencias volumétricas entre el factor de forma real, modelo matemático y el factor de forma nacional para las especies latifoliadas.

III. HIPOTESIS

1. **Hipótesis nula**

El factor de forma de la TECA, no difiere del factor de forma establecido en las normativas técnicas de Nicaragua para las especies latifoliadas.

2. **Hipótesis alternativa**

El factor de forma de la TECA, difiere del factor de forma establecido en las normativas técnicas de Nicaragua para las especies latifoliadas.

IV. MARCO TEÓRICO

4.1. Generalidades

Taxonomía

REINO:	Plantae
DIVISION:	Magnoliophyta
CLASE:	Magnoliopsida
ORDEN:	Famiales
FAMILIA:	Verbenaceae
GENERO:	Tectona
ESPECIE:	*Tectona grandis* L.F

La Teca es un árbol de hoja caducada de gran tamaño y copa redondeada cuando crece en condiciones favorables, dando un fuste cilíndrico y limpio que puede alcanzar hasta 30 m de altura y 80 cm de diámetro, de rápido crecimiento y con una madera muy apreciada a nivel mundial para la fabricación de muebles. (Zaragoza, 2009).

Posee un tronco recto con una corteza castaño claro, una copa angosta, hojas simples opuestas, flores blanquecinas, una raíz pivotante y el fruto es una drupa color café

Necesita una precipitación de 1250 a 2500 mm/año con una altitud de 0 a 1000 msnm y una temperatura de 22 a 28 grados centígrados.

Diámetro a la altura del pecho (DAP): Es el diámetro de una especie forestal medida a 1.3 metro de altura sobre el nivel del suelo y para mediciones se utilizan diferentes equipos. (MARENA)

Altura: La altura del árbol es la distancia vertical entre la base del árbol y el extremo más alto en la parte superior del árbol. Desde la base del árbol se mide en altura y el diámetro a la altura del pecho. Altura del árbol se puede medir de varias maneras con diferentes grados de precisión. (Prodan, 2017)

Un modelo es una representación de un sistema. Los modelos matemáticos son los más usados en forestal para relacionar cuantitativamente variables de rodal o arboles individuales. Todo modelo es menos complejo que la realidad, atendiendo razones de simplicidad, o porque algunas variables del sistema se relacionan con otras variables en el modelo, son difíciles de medir o por que no se puede identificar. (Cancino, s.f., **p. 142**).

El volumen es una magnitud métrica de tipo escalar, definida como la extensión en tres dimensiones de una región del espacio. En general, el contenido volumétrico del fuste se considera función de las variables, diámetro a la altura de pecho (d), altura total o altura de fuste (h) y alguna expresión de la forma (f). (Calderón, s.f., **p. 12**).

4.2 Estimar el factor de forma de la *Tectona grandis* L.F

El cálculo del volumen de árboles en pie es un requisito básico de toda actividad forestal. La práctica requiere de un instrumento fácil, rápido y de exactitud suficiente para tal efecto. Los parámetros a medir deben ser de fácil levantamiento como el diámetro a la altura del pecho (DAP) y la altura comercial; El instrumento normalmente aplicado que cumple con estos requisitos es la tabla volumétrica o un factor adecuado de forma. El volumen del fuste comercial de un árbol está determinado por sus dimensiones (DAP y altura comercial) y, además, por su forma individual. (David A. G., 2013)

Para definir la forma del fuste comercial normalmente se refiere al factor de forma, ósea al cociente del volumen real y el volumen del cilindro de referencia (producto del área basal y la altura comercial). El factor individual de forma varía con las dimensiones del fuste, con la especie y también difiere de árbol a árbol. (David A. G., 2013)

El coeficiente más simple es el coeficiente de forma f.

$$f = \frac{\text{Volumen Real}}{(\text{Area basal de referencia})\text{x altura total}}$$

Cada volumen que pueda considerarse en un árbol tiene su correspondiente factor de forma o mórfico. El más común es el que se refiere al volumen total del tallo, pero también puede ser considerado factor mórfico correspondiente al volumen del tallo hasta una sección transversal dada

Los troncos de los árboles cuyo crecimiento no ha sido perturbado por causas exteriores tienden a tomar una forma regular o simétrica, de tal modo que su eje resulta sensiblemente rectilíneo, su sección transversal más o menos circular y en su conjunto pueden asemejarse a cuerpos geométricos generados por la rotación de una línea alrededor de un eje situado en el mismo plano. (Vega & Maldonado., 2010)

Conocida la ecuación de esta línea generatriz, resulta fácil determinar el volumen del tronco o fuste de que se trate. Sin embargo, la forma de los troncos está sujeta a una gran cantidad de factores y varía no sólo de una especie a otra sino dentro de la misma especie; en estas condiciones el procedimiento de cubicación señalado anteriormente resulta de escasa utilidad. (Vega & Maldonado., 2010, **p. 120**).

Para cubicaciones comerciales de fustes o de trozas, se han ideado procedimientos más sencillos que el de la utilización de las fórmulas que nos proporcionan los volúmenes de los tipos dendrométricos o de sus truncados, con diversos grados de precisión suficientes para este tipo de operaciones, entre los que se pueden mencionar los basados en la utilización de las fórmulas de Smalian, Huber y Newton, y los de

Kuntze, Heyer o Simpson, éstas tres últimas para la determinación de volúmenes de fustes o de trozas con mayor precisión (Vega & Maldonado., 2010).

Fórmula de Smalian.

En el procedimiento de Smalian para la cubicación comercial de fustes sin punta o trozas, se parte de las áreas de sus secciones extremas y de su longitud (Vega & Maldonado., 2010)

La expresión de Smalian nos indica que el volumen de un fuste o de una troza es igual al producto de la semisuma de las áreas de las secciones transversales extremas de la troza por su longitud como se indica a continuación: (Vega & Maldonado., 2010)

$$V_S = \left(\frac{S_0 + S_1}{2}\right) * L$$

En esta fórmula se tiene que:

V_S = Volumen por Smalian.

L = Longitud del fuste o troza.

S_0 y S_1 = Áreas de las secciones transversales extremas del fuste o troza.

Fórmula de Newton

Para la cubicación de fustes y trozas, en lugar de emplear las fórmulas de los paraboloides de revolución o de sus truncados, puede emplearse la fórmula de Newton, la cual puede aplicarse a un mayor número de cuerpos geométricos así como para fustes completos y trozas. (Vega & Maldonado., 2010)

Esta fórmula expresa que el volumen de una troza es igual a un sexto de su longitud multiplicado por la suma del área de la sección transversal mayor más cuatro veces el área de la sección transversal media más el área de la sección transversal menor. (Vega & Maldonado., 2010)

$$v_n = \frac{L}{6}(S_0 + 4S_m + S_1)$$

En esta expresión se tiene:

v_n Volumen del fuste o troza.

L Longitud del fuste o troza.

S_0 Área de la sección transversal mayor.

S_m Área de la sección transversal media

S_l Área de la sección transversal menor.

Formula del cilindro.

$$V = S_0 * h_0$$

Donde:

V= Volumen del cilindro

S_0= Área de la sección a 0.30 m.

h_0= Altura del tocón.

Formula del Paraboloide.

$$V_{pa} = \frac{S_0\, h_0}{2}$$

Donde:

V_{pa}= Volumen del paraboloide.

S_0= Área de la sección.

h_0= Longitud de la punta.

Para la cubicación de fustes y trozas existen otras fórmulas: Fórmula de Simpson, Fórmula de Heyer, Fórmula de Huber, Fórmula de Huber Modificada.

En lo que se refiere al sistema de cubicación, se conocen dos trabajos recientes e importantes, uno hecho por Rentaría (1995), quien desarrollo un sistema de cubicación para Pinus cooperi Blanco basándose en ecuaciones de ahusamiento, con información de análisis troncales del sitio permanente de experimentación forestal (SPEF) "Cielito Azul", en el estado de Durango. El sistema de cubicación quedo formado; por una ecuación de volumen total con corteza y dos ecuaciones de ahusamiento que corresponden al modelo "Cielito 2" las cuales fueron ajustadas para predecir el ahusamiento desde el tocón y desde el diámetro normal. Mediante la integración matemática de estas ecuaciones se estimó el volumen comercial, sin corteza hasta la altura límite del fuste y volumen total sin corteza. (Valdovinos, 2006)

El crecimiento de la TECA en la juventud del árbol es muy rápido, hay un promedio de 8 m^3/ha/año y el incremento en volumen culmina después de aproximadamente 15 a 20 años

Según el documento técnico del INAFOR “estandarización de unidades de medidas y cálculo de volúmenes de madera” Se define como la cantidad de madera estimada en m^3 a partir del tocón hasta el ápice del árbol. El volumen puede ser total o comercial, sin incluir las ramas. Depende a partir de que se tomen las alturas, si es altura comercial, o altura total. En latifoliadas normalmente se calcula el volumen comercial del fuste. (INAFOR, 2004)

La fórmula comúnmente utilizada para árboles en pie en latifoliadas es:

$$V = 0.7854 * \mathrm{DAP}^2 * ff * L$$

$$V = AB * ff * L$$

$$\mathrm{AB} = \frac{DAP^2 * 3.1416}{4}$$

Donde,

V: Volumen comercial del árbol (m^3)

DAP: Diámetro a la altura del pecho (mts)

ff: Factor de forma (0.70 en latifoliadas y 0.47 en pino)

L: Altura comercial del fuste

AB: Área basal (m^2).

4.3 Modelos Matemáticos para las Estimaciones de Volumen Reales

Husch, Miller y Beers (1972) definen la tabla de volúmenes "como una expresión tabulada que establece los volúmenes de árboles de acuerdo a una o más de sus dimensiones fáciles de medir, tales como el diámetro normal, la altura y la forma".

Existen gran cantidad de tablas de crecimiento para teca a nivel mundial, todas tienen como característica que el Incremento Medio Anual (IMA) máximo se alcanza entre los 6 y 20 años. (Gonzáles, 2004)

También podemos encontrar tablas regionales, locales, estándar, gráficas, de una entrada, de dos entradas, tarifas, comerciales y totales; aun con la variedad de tablas que podemos encontrar hay criterios a considerar.

Algunas de las ventajas de las tablas volumétricas es que son sistemas simples de aplicar y relativamente precisas. Una vez que se desarrolló una tabla de volumen estándar para una región y especie, teóricamente sirve para siempre. Contar con una tabla local tiene la ventaja de eliminar la necesidad de medir alturas, procedimiento lento, fastidioso y muchas veces poco exacto.
(David A. G., 2013, **p. 19**).

Al grupo de ecuaciones que nos permite estimar el volumen en pie se le denomina Sistema de Cubicación. La obtención de un sistema adecuado, permitirá obtener un inventario maderable confiable y servirá como herramienta para el buen manejo de los recursos forestales, dando una idea generalizada de la distribución de producción y los productos a obtener en un determinado periodo. (Valdovinos, 2006)

El propósito de las tablas de volumen es proporcionar una tabulación que provea el "contendido medio" del arbolado en pie para diversas especies y tamaños (Valdovinos, 2006)

Según autores como Quiñónez (2002), menciona que de no actualizarse las tablas de volumen para un determinado lugar o región, hay una sobreestimación de las existencias reales de madera por hectárea y, por lo tanto, un cálculo erróneo de la posibilidad de producción anual. Menciona además, que con el uso de las tablas se logra una mayor precisión en dichos cálculos lo que favorece la recuperación del volumen cortado y el rendimiento sostenido a largo plazo (Galindo Tenorio, 2013).

Clutter et al., (1983) y Prodan et al., (1997), definen que una ecuación predictora de volumen es referido a una "tabla de volumen", usualmente definido como una función, tabla o grafica que pueda ser usada para la estimación del volumen de árboles en pie, tomando en cuenta las características más fáciles de medir como el diámetro normal, la altura, y en ocasiones la forma del árbol. Que se expresa simbólicamente como:

$$Y = f(D, H, F)$$

Dónde:

Y = es el volumen del árbol en m^3, ft^3 o cualquier unidad compatible de volumen.

D = es el diámetro normal medido en cm o pulgadas.

H = es la altura total del árbol en m o ft.

F = es una función de la forma del árbol, generalmente representada por los parámetros de ajuste que lo definen de forma implícita.

f = es una función matemática que describe la relación entre las variables D, H y F, que son medidas en el inventario forestal.

Para México existe el antecedente de Martínez en 1937, quien empleo la ecuación logarítmica de Schumacher para elaborar una tabla de volúmenes de tres pinos, este estudio reporta con sencillez y objetividad el procedimiento empleado (Romahn et al., 1995). Este estudio marco la pauta para el empleo de estos modelos en nuestro país, que básicamente se realizaron en bosques de pinos. Caballero (1971), da a conocer una metodología para la elaboración de tablas de volumen por medio del empleo de la variable combinada, siguiendo los lineamientos de una ecuación de regresión lineal simple, donde emplea valores de diámetros, alturas y volúmenes de 23 árboles de *Brosimun allicastrum* (Ramón), llegando a la conclusión que este método es altamente satisfactorio. (Valdovinos, 2006)

Muñoz (2000) evaluó una plantación de *Eucalyptus camaldulensis Dehnh* establecida en 1961, con el objeto de elaborar cuatro tablas de volumen con y sin corteza, de una y doble entrada, para estimar el volumen en pie del arbolado en el Municipio de Morelia, Mich. Se seleccionaron 139 árboles que fueron derribados, troceados y cubicados, mediante la fórmula de Smalian; posteriormente se probaron once modelos de regresión para las tablas de una entrada y ocho para los de doble entrada. Estas tablas permitirán estimar el volumen del fuste total con y sin corteza, a partir de la altura del tocón (0.30 m) hasta llegar a un diámetro mínimo del ápice de 5 cm con corteza. (Valdovinos, 2006)

Por cuanto se refiere a las unidades volumétricas en que se expresan las tablas, algunas de las más importantes son las siguientes:

Tablas de volúmenes en metros cúbicos, en pies cúbicos.
Tablas de volúmenes en pies tabla.
Tablas de volúmenes en cuerdas.
Cantidades del volumen individual de árboles en que se basan.

Dentro de esta categoría existen cuatro tipos que tienen mayor relevancia:
Tablas de volumen de fuste limpio.
Tablas de volumen de fuste total.
Tablas de volumen comercial.
Tablas de volumen total.
Tipo de material taxonómico que interviene en su construcción y para el cual son aplicables.

En varios países se acostumbra elaborar tablas de volúmenes separadamente para cada una de las especies forestales más ima habido intentos, incluso de elaborar tablas de volúmenes únicas, esto es, aplicables a todas las especies forestales bajo la denominación de tablas universales (universe tables). Estas tablas, sin embargo, no han tenido mucho éxito.

El factor de forma (ff) es una característica que tiene cada especie, pero el Instituto Nacional Forestal (INAFOR) ha establecido utilizar un valor de 0.70 para todas las especies latifoliadas a nivel nacional en Nicaragua siendo este un valor estándar. (INAFOR, 2004)

Cada especie tiene su característico factor de forma que también varía durante el tiempo de crecimiento. El factor de forma lleva también el nombre de factor mórfico. (David A. G., 2013)

Modelos matemáticos.

La FAO (1980), define un modelo matemático como un conjunto de ecuaciones o gráficos que muestran las relaciones cuantitativas entre las variables. Comúnmente en la práctica se encuentra que existe una relación entre dos o más variables y se desea frecuentemente expresar esta relación mediante una ecuación matemática que ligue estas variables. (Chavez, 1994)

Ecuaciones para el cálculo de volumen.

Nombre	Forma de Ecuación
Factor de forma constante	$Y = b_1 DN^2 H$
Variable combinada	$Y = b_0 + b_1 DN^2 H$
Variable combinada generalizada	$Y = b_0 + b_1 DN^2 + b_2 H + b_3 DN^2 H$
Logaritmo	$Y = b_0 + D^{b2} H^{b3}$
Logaritmo generalizado	$Y = b_0 + b_1 \ D \ b_2 2 \ H \ b_3$

Tomado de Clutter et al, (1983)

Dónde:

Y= Medida de volumen

DN= Diámetro Normal

H= Medida de altura

B_0, b_1, b_2, b_3 = Constantes a estimar.

Modelos Aritméticos

Los modelos aritméticos son aquellos donde no intervienen logaritmos ni expresiones matemáticas complejas, como es la evaluación de una variable a una constante fraccionaria. Los exponentes que se utilizan en este tipo de expresiones son los dígitos 1 y 2, aunque esto no excluye la utilización de otros números enteros. Es común que se separen los modelos que evalúan alguna forma de los árboles de los que no. De acuerdo a lo anterior, se pueden resumir los modelos más importantes en la forma siguiente (Galindo Tenorio, 2013).

Modelos aritméticos. Sin considerar evaluaciones de forma.

Nombre	Ecuación
Del coeficiente mórfico constante	$V = aD^2A$
De la variable combinada	$V = a + b\,D^2A$
Australiana	$V = a + b\,D^2 + c\,A + dD^2A$
Meyer modificada	$V = a + b\,D + c\,D\,A + d\,D^2A.$
Comprensible	$V = a + b\,D + c\,D\,A + d\,D^2A$
De Naslund	$V = a + b\,D^2 + cD^2\,A + d\,A^2 + e\,D\,A^2$
De Takata	$V = (D^2\,A\,/(a + b\,D))$

Dónde:

V = Volumen m^3 o $pies^3$. A = Altura m.

D = Diámetro a la altura del pecho cm (1.30 m).

a, b, c, d, e, f = Constantes a estimar.

Modelos aritméticos. Considerando evaluaciones de la forma

Nombre	Ecuación
Abreviada	$V = a + b\,F\,D^2A$
De la variable combinada	$V = a + b\,F + c\,D^2A$

Dónde:

V = Volumen m^3 o pies^3. A = Altura m.

D = Diámetro a la altura del pecho cm.

F = Evaluación de la forma.

a, b, c, d, = Constantes a estimar.

Modelos logarítmicos

Dentro de los modelos logarítmicos encontramos a aquellos cuyo carácter exponencial permite expresarlos y resolverlos por medio del empleo de logaritmos. Al igual que los modelos aritméticos los modelos logarítmicos también se pueden separar en dos grupos, según empleen o no la evaluación de la forma de los árboles (Galindo Tenorio, 2013).

Modelos logarítmicos. Sin considerar evaluaciones de la forma del árbol

Nombre	Ecuación
De Schumacher	$V = a\,D^bA^c, \log V = \log a + b\log D + c\log A$
De Korsun	$V = a(D+1)^bA^c, \log V = \log a + b\log(D+1) + c\log A$
De Dwight	$V = aD^bA(3-b), \log V = \log a + b\log D + (3-b)\log A$
De la variable combinada	$V = A(D^2A)^b, \log V = \log a + b\log(D^2A),$
De Thornber	$V = a(\frac{A}{D})^bD^2A, \log V = \log a + a + b\log\left(\frac{A}{D}\right) + \log(D^2A)$

(Galindo Tenorio, 2013).

Dónde:

V = Volumen m^3 o pies^3.

D = Diámetro a la altura del pecho cm.

A = Altura del árbol m.

Log = Logaritmo natural.

a, b, c = Constantes a estimar.

Modelos logarítmicos. Considerando evaluaciones de la forma

Nombre	Ecuación
De forma a través del diámetro	$V = aD^b A^c D^d \log a + b \log D$
De la variable combinada	$V = \log a + b \log(FD^2 A)$

Dónde:

V = Volumen m^3 o $pies^3$.

Log V = Logaritmo natural del volumen.

D = Diámetro a la altura del pecho cm.

A = Altura m.

F = Evaluación de la forma.

a, b, c, d = Constantes a estimar.

4.4 Diferencias volumétricas entre el factor de forma real, factor de forma nacional y modelos matemáticos para las especies latifoliadas.

Según Ojeda (1982-1983) existen diferencias en cuanto a los valores del factor de forma ff entre la familia Leguminosae y la familia Lauraceae llegando a un margen de diferencia de 0.183 ósea un 18.3%, lo que confirma que es importante en el proceso de datos usar factores de forma propios para cada familia y si fuera posible llegara a factores para cada especie. En el caso de las familias Sapotaceae y Lauraceae llega a una diferencia de 13.4%. (Ojeda, 1983)

En Bolivia el Factor de forma que se utiliza para las especies latifoliadas como es teca es de 0,65 así lo destaca Heinsdijk en su documento titulado **PROPUESTA PARA LA ELABORACION DE TABLAS VOLUMÉTRICAS Y/O FACTORES DE FORMA 1997.**, dato que coincide relativamente con la investigación realizada en Ecuador por **ARMIJOS GUZMAN DARWIN DAVID 2013** con un promedio general de 0.64. (David A. G., 2013)

El Instituto Nacional Forestal (INAFOR) recomienda para los tipos de especies en latifoliadas la utilización del factor de forma de 0.70 y el 0.47 en coníferas. (INAFOR, 2004)

V. METODOLOGIA

Ubicación de estudio:

La presente investigación se realizó en plantaciones forestales de *Tectona grandis* L.F 2011 ubicado en la comunidad de Waspado municipio de Siuna, empresa MLR-Forestal. **Ver anexo 1**

El municipio de Siuna cuenta con un clima uniforme características de las zonas de selvas tropicales monzónicas; predominando los vientos del norte y noreste con velocidad de 2-3 metros por segundo. (Censo del 2005, 2017)

La temperatura es de 26 °C con humedad relativa media de 84%. (Censo del 2005, 2017)

Tipo de investigación:

El tipo de estudio predictivo, transversal y prospectivo porque se hicieron estimaciones de índices y modelos matemáticos para la estimación de volumen y posteriormente se procesó y analizo la información obtenida.

Universo del estudio:

Lo constituyen las plantaciones de TECA que tiene la empresa MLR-forestal en la Región Autónoma Costa Caribe Norte (RACCN), Nicaragua.

Marco muestral:

El marco muestral fueron las tres fincas en las que se realizó el levantamiento de datos en campo (Danli con un total de 58.87 ha, Waspado con 86.28 ha y Mutiwas con 52.85 ha) para un total de 198 ha.

Muestra y técnicas de muestreo.

Se convirtió el área total de 198 ha en m^2, entre parcelas de 1000 m^2 para hacer un total de 1980 parcelas circulares.

La muestra equivale a 255 árboles en 51 parcelas distribuidos sistemáticamente a una distancia de 100 m en donde cada parcela contiene 5 árboles entre ellos dominantes, Codominantes y suprimidos, dentro de cada parcela los árboles se encuentran a una distancia aproximada de 6 a 8m.**Ver anexo 3,4,5**

Técnicas e instrumentos.

Para el levantamiento de la información se utilizó la técnica de la observación y como instrumento se elaboró un formato de campo donde se especifica con detalles cada uno de los datos que se necesita para la recopilación de la información. El formato esta realizado en Word plasmado en una tabla.

Hoja de registro de datos para el coeficiente de forma. (Ver anexo 2).

Variables.

Las variables medidas fueron: diámetro del tocón, diámetro con corteza (dcc), diámetro sin corteza (dsc),longitud del tocón, longitud de las trozas, longitud de la punta, y altura total, pues son las que se necesitaron para realizar los cálculos al momento de procesar la información.

Unidad de análisis:

Los árboles seleccionados para hacer el levantamiento en campo.

Fase preliminar de campo

Se identificó en el mapa cada una de las tres fincas donde se realizó dicha investigación, también se hizo un recorrido por las fincas para reconocer el área, las secciones en las que están dividas las fincas en las cuales se establecieron las parcelas de muestreo

Al estar en campo primeramente se localizan los putos en el mapa y posteriormente te guías con el GPS para llegar a la parcela de muestreo. Identificas los árboles marcados y marcas 0.30 m de la base del árbol, también tomas el diámetro de la base del árbol con la cinta diamétricas y procedes a tumbarlo con el uso de la motosierra, al tenerlo tumbado cortas donde marcaste los 0.30 y mides su diámetro en forma de cruz para disminuir su margen de error, acá tomas Diámetro con corteza (dcc) y Diámetro sin corteza (dsc) esta información es dictada al anotador el cual haciendo uso del formato recolecta la información deseada; realizas la misma operación a 1.30, 2.30 y hasta donde llegue la longitud del árbol tomamos en cuenta la punta del árbol hasta el ápice.

Procesamiento y análisis de la información.

Los datos levantados en campo se digitalizaron en Excel, posteriormente fueron procesados y analizados mediante diferentes fórmulas para obtener el volumen real de la TECA y así estimar el factor de forma para *Tectona grandis* L.F.

Para determinar el volumen de cada árbol se realizó por etapas; primeramente se estimó el volumen del tocón con la fórmula del cilindro, luego se calculó el volumen por troza cada dos metros en la cual se utilizó la fórmula de Newton, en algunos casos la última troza no tenia dos metros por lo tanto se procedió a utilizar la fórmula de Smalian, posteriormente se calculó el volumen de la punta con la fórmula de un paraboloide al final se sumaron todos los volúmenes de las trozas para obtener el volumen real del árbol.

Determinar un modelo matemático para las estimaciones de volúmenes reales de la *Tectona grandis* L. F en el municipio de Siuna-RACCN.

La estimación del volumen está sujeto a las siguientes variables diámetro normal medido en centímetros o pulgadas, altura total del árbol medido en metros o pie y el factor de forma del árbol; posteriormente se probaron modelos matemáticos, logarítmicos y aritméticos, hasta encontrar el modelo que más se ajustara a los datos y posteriormente generar una tabla de volúmenes de doble entrada con el modelo encontrado.

Determinar las diferencias volumétricas entre el factor de forma real y el factor de forma nacional para las especies de latifoliadas.

Mediante comparación algorítmica de valores encontrados en las plantaciones se pudo determinar gráficamente las varianzas en los volúmenes provenientes de factores de forma nacionales, el factor de forma encontrado y modelos matemáticos. Para esto se hizo una tabla comparativa para encontrar las diferencias volumétricas

Materiales Utilizados

GPS Garmin Gs82
Cinta métrica de 20 mts
Cintas diamétricas.
Tablas de campo.
Lapiceros.
Calculadora científica casio 95.
Cámara digital.
Mapas de las fincas impresos y emplasticados.

Herramientas de campo

Machete
Motosierra
Equipo de protección

VI DELIMITACIÓN Y LIMITACIONES DEL ESTUDIO

Delimitación

En el presente estudio se determinó el factor de forma con corteza y sin corteza en tres fincas de la empresa MLR-Forestal.

Limitaciones

El factor de forma que se encontró está limitado solo para el trópico húmedo.

Dicho factor solo podrá ser aplicado en plantaciones jóvenes menores a 5 años puesto que en plantaciones mayores tiende a variar y sería necesario encontrar otro factor de forma.

El factor de forma es específico para la *Tectona grandis* L.F

Operacionalizacion de variable.

Variable	Definición	Indicador	Escala
Factor de forma	Se entiende como tal a la relación existente entre el volumen real de un fuste y el volumen de un cuerpo cilíndrico de la misma base que el área basal del árbol y de su misma altura.	Numérico	Razón
Modelos Matemáticos: 1. Función matemática. 2. Tabla de volumen	1. Es una ecuación matemática de define de qué manera están relacionadas las variables, y expresa también con que precisión se pueden predecir el valor de una variable si se conocen los valores de la o las variables con que están relacionadas.	Ecuación matemática	Razón
	2. Expresión tabulada que establece los volúmenes de árboles de acuerdo a una o más de sus dimensiones fáciles de medir, tales como diámetro normal, la altura y la forma.	Volumen	Razón
Diferencias Volumétricas: 1 Volumen (m^3) 2 Diferencias volumétricas 3. Porcentaje de error.	1. Magnitud métrica de tipo escalar, definida como la extensión en tres dimensiones de una región del espacio.	Volumen	Razón
	2. Variación promedio de los datos con respecto al volumen real.	Volumen	Razón
	3. Desviación promedio de los datos con respecto al volumen real.	Porcentual	Razón

VII RESULTADOS Y DISCUSIÓN.

7.1 Cuantificación del volumen real de Tectona grandis L.F.

El volumen real de los árboles fue calculado por parte: para el tocón se utilizó la fórmula del cilindro, seguidamente se calculó el volumen cada dos trozas utilizando la fórmula de Newton; en el caso que al final no se tuviese trozas de dos metros, se utilizó la fórmula de Smalian para calcular el volumen de esta troza y por último se determinó el volumen de la punta, utilizando la fórmula del paraboloide. Para obtener el volumen total del árbol se sumaron todos los volúmenes anteriores, este procedimiento se repitió para cada uno de los árboles de la muestra. **Ver tabla 7.1.1**

Una vez determinado el volumen real de cada árbol, se procedió a determinar la sumatoria, factor de forma promedio, desviación estándar, coeficiente de variación, Error estándar, límite superior e inferior y error relativo; con una confiabilidad del 95% dentro de sus límites de confianza. **Ver tablas 7.1.2.**

Ejemplo: Tabla 7.1.1 Cubicación de volumen real.

Árbol 35 Sección (m)	Dcc(cm)	**Área de la sección cc**	**Vcc**	**Formulas**
0.30	14.6	0.01674155	0.00502246	Fórmula del cilindro $Vc = S_0\ h_0$
1.30	11.7	0.01075132		Fórmula de Newton $v_n = \frac{L}{6}(S_0 + 4S_m + S_1)$
2.30	11.3	0.01002875	0.02325852	
3.30	9.8	0.00754296		
4.30	9.3	0.00679291	0.0156645	
5.30	8.1	0.005153		
6.30	5.1	0.00204282	0.00981591	
7.30	4.2	0.00138544		
8.30	3.3	0.0008553	0.0028133	
9.30	2.1	0.00034636	0.00060083	Fórmula de Smalian $V_S = \left(\frac{S_0 + S_1}{2}\right) * L$
Longitud de punta	0.28		6.4654E-05	Fórmula del paraboloide $V_{pa} = \frac{S_0\, h_0}{2}$
Diámetro de base	15.7	**Volumen total**	**0.05724017**	
Volumen del cilindro			**0.590515071**	
Factor de forma			**0.555741485**	

Ejemplo: Determinación de volumen con el factor de forma calculado en base al volumen real.

$$V = \frac{\pi}{4} * \left(\frac{D}{100}\right)^2 * ff * Ht$$

Datos:

Dn cc = 11.7

Ht = 9.58

Vr cc = 0.057240174

V = 0.7854* $(11.7/100)^2$ *0.55* 9.58

V= 0.056648814

Tablas 7.1.2 Resultados de los parámetros estadísticos por cada una de las fincas.

Parámetros Estadísticos		**Finca**	
	Waspado	**Mutiwas**	**Danli**
Sumatoria	16.24	70.98	53.26
ff Promedio cc	0.54	0.57	0.53
Desviación Estándar	0.05	0.07	0.08
Coeficiente de Variación	9.04	12.78	15.77
Error Estándar	0.01	0.01	0.01
límite superior	0.56	0.58	0.55
límite inferior	0.52	0.56	0.52
Error Relativo (%)	3.38	2.24	3.12

Los datos fueron procesados con una confiablidad del 95%, de acuerdo a la cantidad de individuos que se muestreo por finca encontramos los grados de libertad en la t de student.

La sumatoria para la finca Waspado es de 16.24 con un ff promedio de 0.54, respecto a la desviación estándar es de 0.05 lo cual nos indica que los datos encontrados en esta finca no tienen mucha variabilidad pues se acerca a 0; el coeficiente de variación con respeto a la media es de 9.04, la variabilidad que se obtendría si tomáramos más muestra de la población de la finca Waspado tendríamos un error estándar de 0.01 el cual nos indica que la estimación es más precisa, el ff promedio de 0.54 el cual está dentro de los limites superior 0.56 he inferior 0.52 con un error relativo de 3.38%.

La finca Mutiwas presenta el promedio más alto 70.98, por la mayor cantidad de muestras al igual que el ff promedio 0.57, la desviación estándar 0.07 lo cual nos indica que hay mayor variación en las muestras, el coeficiente de variación 12.78 también es alto, su ff promedio está dentro de los límites de confianza con un error relativo de 2.24.

La finca de Mutiwas tiene diferencia significativa con respecto a las demás fincas su factor de forma promedio es de 0.57 el cual está por encima de los límites de confianza de la finca Danli y Waspado.

Los árboles de la finca Mutiwas presentó un factor de forma promedio de 0.57 el cual es mayor debido a que los árboles son más cilíndricos ya que el tratamiento Silvicultural que se le ha dado ha sido constante.

La finca Danli presenta una sumatoria de 53.26 para un 0.53 en promedio dentro de los límites de confianza, siendo el ff promedio menor en comparación con las demás fincas, la desviación estándar que se presenta es el mayor 0.08 lo cual indica que la plantación es irregular dando así un 15.77 de coeficiente de variación, con un error relativo de 3.12.

El factor de forma (ff) que representamos es el del volumen con corteza, ya que no hay una diferencia significativa entre el factor con corteza y el sin corteza (ff cc es de 0.55 y el ff sc es de 0.55) por lo tanto se tomó la decisión de escoger el factor de forma con corteza ya que es el más común al momento de estimar volumen en plantaciones forestales y nos permitiría realizar una subestimación y así evitar pérdidas de volúmenes en los árboles. **Ver Anexo 6**

El factor de forma general encontrado es de 0.55 en comparación con (David A G, 2013) investigación realizada en Ecuador donde el factor de forma para la teca fue de 0.55.

Según (Hidalgo Cuadro, 1985) en una investigación realizada en Turrialba Costa Rica, el factor de forma con corteza encontrado para la *Gmelina arbórea* es de 0.51 el cual difiere del encontrado que es de 0.55. Lo cual indica que el ff de forma varía de acuerdo a la especie.

7.2 Modelo matemático para las estimaciones de volumen reales de la Tectona grandis L.F en el municipio de Siuna-RACCN.

Se probaron los modelos matemáticos para ver cual se ajustaba mejor a los datos determinando un modelo potencial de variable combinada, la nube de puntos que muestra la gráfica tiene correlación positiva alta. A continuación se presenta la gráfica de nubes de punto donde se muestra el modelo matemático que fue seleccionado.

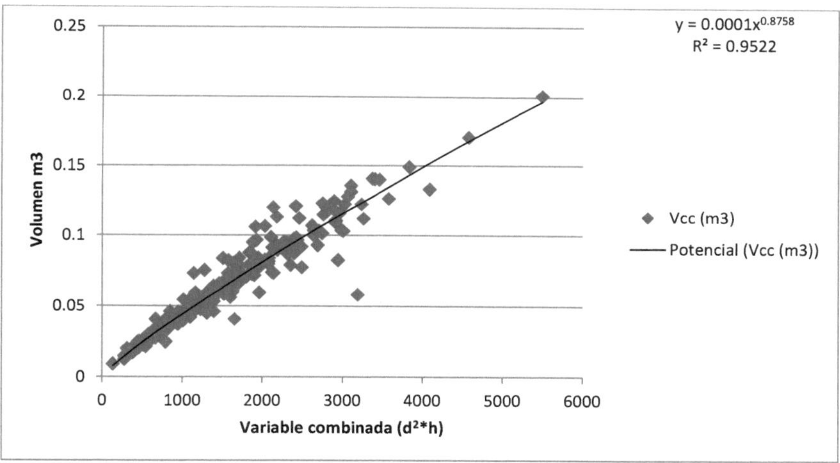

Figura 7.2.1 Diagrama de dispersión por nube de puntos.

El modelo utilizado V= 0.0001 $(d^2*h)^{0.8758}$ R^2 = 0.9522 corresponde al modelo linearizado.

R^2= Coeficiente de determinación que nos indica que tan ajustados o dispersos están los datos con respecto a la línea de tendencia.

$$V = \log \alpha + \beta \log(d^2 h).$$

Donde

V= Volumen

α= intersección al eje x

β= Pendiente

d= Diámetro (cm)

h= Altura (m)

En relación con otros resultados pudimos encontrar el modelo matemático utilizado por (Hidalgo Cuadro, 1985) fue el siguiente.

$$\mathbf{Lnv = a + b_1 lnd + b_2 lnh}$$

Donde:

Lnv = Logaritmo natural del volumen.

Lnd = Logaritmo natural de DAP.

Lnh = Logaritmo natural de la altura.

a= Constante

b1 y b2 = Coeficiente de regresión.

Se probaron los modelos matemáticos los cuales presentaron un buen ajuste, teniendo valores altos en R^2 y un ajuste significativo expresando una magnifica precisión de modelos utilizados.

Tabla 7.2.1 Tabla de volúmenes de fuste total para *Tectona grandis* L.F obtenidas con plantaciones de 5 años en la empresa MLR Forestal Waspado-Siuna.

Diám. Normal (cm)	A l t u r a (m)														
	2	4	6	8	10	12	14	16	18	20	22	24	26	28	30
1	0.0002	0.0003	0.0005	0.0006	0.0008	0.0009	0.0010	0.0011	0.0013	0.0014	0.0015	0.0016	0.0017	0.0019	0.0020
2	0.0006	0.0011	0.0016	0.0021	0.0025	0.0030	0.0034	0.0038	0.0042	0.0046	0.0050	0.0054	0.0058	0.0062	0.0066
3	0.0013	0.0023	0.0033	0.0042	0.0051	0.0060	0.0069	0.0078	0.0086	0.0094	0.0103	0.0111	0.0119	0.0127	0.0135
4	0.0021	0.0038	0.0054	0.0070	0.0085	0.0100	0.0114	0.0129	0.0143	0.0156	0.0170	0.0183	0.0197	0.0210	0.0223
5	0.0031	0.0056	0.0081	0.0104	0.0126	0.0148	0.0169	0.0190	0.0211	0.0231	0.0251	0.0271	0.0291	0.0310	0.0330
6	0.0042	0.0078	0.0111	0.0143	0.0173	0.0203	0.0233	0.0262	0.0290	0.0318	0.0346	0.0373	0.0400	0.0427	0.0454
7	0.0055	0.0102	0.0145	0.0187	0.0227	0.0266	0.0305	0.0343	0.0380	0.0417	0.0453	0.0489	0.0524	0.0559	0.0594
8	0.0070	0.0129	0.0183	0.0236	0.0287	0.0337	0.0385	0.0433	0.0480	0.0526	0.0572	0.0618	0.0662	0.0707	0.0751
9	0.0086	0.0158	0.0225	0.0290	0.0353	0.0414	0.0473	0.0532	0.0590	0.0647	0.0703	0.0759	0.0814	0.0869	0.0923
10	0.0104	0.0190	0.0271	0.0349	0.0424	0.0497	0.0569	0.0640	0.0710	0.0778	0.0846	0.0913	0.0979	0.1045	0.1110
11	0.0122	0.0225	0.0320	0.0412	0.0501	0.0588	0.0673	0.0756	0.0838	0.0919	0.1000	0.1079	0.1157	0.1235	0.1311
12	0.0143	0.0262	0.0373	0.0480	0.0584	0.0685	0.0784	0.0881	0.0976	0.1071	0.1164	0.1256	0.1347	0.1438	0.1527
13	0.0164	0.0301	0.0429	0.0552	0.0671	0.0788	0.0901	0.1013	0.1123	0.1232	0.1339	0.1445	0.1550	0.1654	0.1757
14	0.0187	0.0343	0.0489	0.0629	0.0764	0.0897	0.1026	0.1154	0.1279	0.1403	0.1525	0.1646	0.1765	0.1884	0.2001
15	0.0211	0.0387	0.0552	0.0710	0.0863	0.1012	0.1158	0.1302	0.1443	0.1583	0.1721	0.1857	0.1992	0.2126	0.2258
16	0.0236	0.0433	0.0618	0.0794	0.0966	0.1133	0.1297	0.1458	0.1616	0.1772	0.1927	0.2079	0.2230	0.2380	0.2528
17	0.0262	0.0481	0.0687	0.0883	0.1074	0.1260	0.1442	0.1621	0.1797	0.1971	0.2143	0.2312	0.2480	0.2647	0.2811
18	0.0290	0.0532	0.0759	0.0976	0.1187	0.1393	0.1594	0.1792	0.1987	0.2179	0.2368	0.2556	0.2741	0.2925	0.3107
19	0.0319	0.0585	0.0834	0.1073	0.1305	0.1531	0.1752	0.1970	0.2184	0.2395	0.2604	0.2810	0.3014	0.3216	0.3416
20	0.0349	0.0640	0.0913	0.1174	0.1428	0.1675	0.1917	0.2155	0.2389	0.2620	0.2848	0.3074	0.3297	0.3518	0.3737
21	0.0380	0.0697	0.0994	0.1279	0.1555	0.1825	0.2088	0.2347	0.2602	0.2854	0.3102	0.3348	0.3591	0.3832	0.4071
22	0.0412	0.0756	0.1079	0.1388	0.1687	0.1979	0.2266	0.2547	0.2823	0.3096	0.3366	0.3632	0.3896	0.4157	0.4416
23	0.0445	0.0817	0.1166	0.1500	0.1824	0.2140	0.2449	0.2753	0.3052	0.3347	0.3638	0.3926	0.4211	0.4494	0.4774

24	0.0480	0.0881	0.1256	0.1616	0.1965	0.2305	0.2638	0.2966	0.3288	0.3606	0.3920	0.4230	0.4537	0.4842	0.5143
25	0.0516	0.0946	0.1349	0.1736	0.2111	0.2476	0.2834	0.3186	0.3532	0.3873	0.4210	0.4544	0.4874	0.5201	0.5525
26	0.0552	0.1013	0.1445	0.1859	0.2261	0.2652	0.3036	0.3412	0.3783	0.4149	0.4510	0.4867	0.5220	0.5570	0.5917
27	0.0590	0.1083	0.1544	0.1987	0.2415	0.2834	0.3243	0.3645	0.4042	0.4432	0.4818	0.5200	0.5577	0.5951	0.6322
28	0.0629	0.1154	0.1646	0.2117	0.2574	0.3020	0.3456	0.3885	0.4307	0.4724	0.5135	0.5542	0.5944	0.6343	0.6738
29	0.0669	0.1227	0.1750	0.2251	0.2737	0.3211	0.3675	0.4131	0.4580	0.5023	0.5460	0.5893	0.6321	0.6745	0.7165
30	0.0710	0.1302	0.1857	0.2389	0.2905	0.3408	0.3900	0.4384	0.4861	0.5330	0.5795	0.6253	0.6707	0.7157	0.7603
31	0.0751	0.1379	0.1967	0.2530	0.3077	0.3609	0.4131	0.4643	0.5148	0.5646	0.6137	0.6623	0.7104	0.7580	0.8053
32	0.0794	0.1458	0.2079	0.2675	0.3253	0.3816	0.4367	0.4909	0.5442	0.5968	0.6488	0.7002	0.7510	0.8014	0.8513
33	0.0838	0.1539	0.2194	0.2823	0.3433	0.4027	0.4609	0.5181	0.5744	0.6299	0.6847	0.7390	0.7926	0.8458	0.8984
34	0.0883	0.1621	0.2312	0.2975	0.3617	0.4243	0.4856	0.5459	0.6052	0.6637	0.7215	0.7786	0.8352	0.8912	0.9467
35	0.0929	0.1706	0.2433	0.3130	0.3805	0.4464	0.5109	0.5743	0.6367	0.6983	0.7591	0.8192	0.8787	0.9376	0.9960
36	0.0976	0.1792	0.2556	0.3288	0.3998	0.4690	0.5368	0.6034	0.6689	0.7336	0.7975	0.8606	0.9231	0.9850	1.0464
37	0.1024	0.1880	0.2681	0.3450	0.4194	0.4920	0.5632	0.6330	0.7018	0.7697	0.8367	0.9029	0.9685	1.0334	1.0978
38	0.1073	0.1970	0.2810	0.3615	0.4395	0.5156	0.5901	0.6633	0.7354	0.8065	0.8767	0.9461	1.0148	1.0829	1.1503
39	0.1123	0.2062	0.2940	0.3783	0.4599	0.5396	0.6176	0.6942	0.7696	0.8440	0.9175	0.9901	1.0620	1.1333	1.2038
40	0.1174	0.2155	0.3074	0.3955	0.4808	0.5640	0.6456	0.7257	0.8045	0.8823	0.9591	1.0350	1.1102	1.1846	1.2584
Modelo: $V = b_0(D^2h)^{b1}$						Modelo Linearizado: $V = \log\alpha + \beta\log(D^2h)$									
						Ecuación: $V = 0.0001(D^2h)^{0.8758}$									

La tabla 7.2.1 es una tabla de volumen en m^3 de doble entrada, Diámetro y Altura (D en cm y H en m) siendo una tabla especifica (species tables) por que fue elaborada para una sola especie *Tectona grandis* L.F; el modelo matemático utilizado fue un modelo potencial construidas con datos tomados de plantaciones de 5 años.

7.3 Diferencias volumétricas entre el factor de forma calculado, modelo matemático encontrado y factor de forma nacional para las especies latifoliadas.

En la tabla 10.3.1 podemos observar las diferencias volumétricas de los factores de forma, el modelo matemático y el porcentaje de error entre ellos obteniendo menor error el ff calculado. También se observa el promedio del diámetro normal y la altura, cabe mencionar que el volumen del factor de forma calculado se multiplico por 0.55, el del modelo matemático se multiplico por 0.8758 y el del INAFOR que es el estándar fue multiplicado por 0.70. Posteriormente al volumen real promedio se le resta cada uno de los volúmenes que encontramos y nos da la diferencia, ahora el porcentaje de error dividimos el volumen real promedio entre la diferencia y lo multiplicamos por 100. El porcentaje de error es menor con el factor de forma encontrado, con el modelo matemático también es bajo, ambos son negativo lo cual nos indica que están dentro del margen de error que permite la normativa forestal el cual es del 20% a diferencia del error del volumen estimado por el ff del INAFOR que nos da un 19.83.

7.3.1 Tabla de diferencias volumétricas entre el factor de forma encontrado, modelo matemático encontrado y factor de forma nacional para las especies latifoliadas.

PROMEDIO FINAL	Dn promedio cm	H promedio m	Volumen real promedio m^3	Volumen Estimado con el ff calculado m^3	Volumen Estimado con el modelo matemático m^3	Volumen Estimado con el ff INAFOR
Vol. m^3	11.77	10.05	0.0639	0.060161495	0.056675714	0.076569175
Diferencia Vol. Real m^3				-0.00373411	-0.00721989	0.012673573
Porcentaje de Error				-5.84	-11.30	19.83

En la tabla 7.3.1 se puede apreciar las diferencias en el porcentaje de error. El factor de forma calculado y el modelo matemático son los que presentan los datos más bajos y están negativos pues están por debajo de 1 a diferencia del factor de forma nacional que presenta un 19.83 positivo. Lo que representa una sobre estimación en volumen de lo que ocasionaría pérdidas económicas al momento de aprovechar la plantación pues el volumen que obtendrá será menor al que se estimó, obligándote a aprovechar más árboles para compensar la falta de volumen afectando el plan operativo anual (POA).

VIII. CONCLUSIONES

Según la determinación del factor de forma (ff) para la *Tectona grandis* L.F en la empresa MLR-Forestal llegamos a las siguientes conclusiones

1 El factor de forma general encontrado para la *Tectona grandis* L.F es de 0.55 el cual difiere del ff nacional, establecido por el Instituto Nacional Forestal (INAFOR) el cual es de 0.70;

2 El modelo matemático propuesto para la tabla de volúmenes de doble entrada es: $V= 0.0001(d^2*h)^{0.8758}$ $R^2 = 0.9522$

3 El porcentaje de error con el factor de forma nacional es de (19.83%) en comparación con el ff encontrado (-5.84%) y el modelo matemático (-11.30%).

4 La tabla de volúmenes planteada aquí permite estimar volúmenes a partir de su diámetro y altura.

IX. RECOMENDACIONES

A la empresa MLR-Forestal, que cada 5 años se determine un factor de forma en las plantaciones de *Tectona Grandis* L.F para poder realizar estimaciones de volumen con un menor porcentaje de error. Los primeros años de desarrollo de las plantaciones lo hace en altura y la forma puede ir cambiando puede pasar de cónico a cilíndrico o paraboloide por lo cual se recomiendan estudios paulatinos.

A cualquier persona natural o jurídica que se dedique a la producción de madera de cualquier especie latifoliada, instarlas a determinar factores de forma para la especie que ellos consideren necesarias para disminuir el porcentaje de error al momento de hacer estimaciones de volumen.

A las personas interesadas en darle continuidad a este tema el próximo levantamiento de datos seria en el 2021, pues las áreas fueron plantadas en el 2011, el primer levamiento se realizó en el 2016

X DEFINICIÓN DE TÉRMINOS

d	Diámetro
ff	Factor de Forma
g	Área Basal
h	Altura
v	Volumen
L	longitud

XI LISTA DE REFERENCIA

Calderón, P. I. (s.f.). *Mensura Forestal Dasometria.*

Cancino, J. (s.f.). *Dendrometria Basica.*

Castedo, P. A. (2011). *Factor de forma para la Gmelina arborea.* Riomba-Ecuador.

Censo del 2005, S. o. (03 de Marzo de 2017). *Wikipedia*. Obtenido de https://es.wikipedia.org/wiki/Siuna

Chavez. (1994).

David, A. G. (2013). Construccion de tablas volumetricas y calculo del factor de forma (ff) para dos especies, Teca (Tectona grandis) y melina (Gmelina arborea). Riobamba, Ecuador.

David, A. G. (2013). *Construccion de tablas volumetricas y calculo del factor de forma (ff) para la especie Teca (Tectona grandis) y melina(gmelina arborea).* Ecuador.

Galindo Tenorio, G. (Noviembre de 2013). Tabla de volumen para el Pinus patula Schl, et Cham. en el estado de Hidalgo. Texcoco, Mexico.

Gonzáles, W. F. (2004). *Manual para productores de Teca en Costa Rica.* Heredia Costa Rica.

Hidalgo Cuadro, M. F. (1985). *Tabla de volumen para Gmelina arborea ROXB.* Turrialba, Costa Rica.

INAFOR. (2004). *Estandarizacion de unidades de medidas y calculo de volumenes de madera.* tecnico , INAFOR, Managua, Managua. Recuperado el febrero de 2017

MARENA. (s.f.). *Norma Tecnica obligatoria Nicaraguense para el manejo del recurso forestal en Areas protegidas.* Managua-Nicaragua.

Ojeda, W. (1983). Factor de forma preliminar para seis familias de especies forestales tropicales. Perú.

Prodan, M. (. (03 de Enero de 2017). *Wikipedia*. Obtenido de https://es.wikipedia.org/wiki/Dendrometr%C3%ADa

Valdovinos, J. R. (Marzo de 2006). Sistema de cubicación para Eucalyptus grandis y E. urophylla en los límites de Veracruz y Oaxaca. Texcoco, Mexico.

Vega, C. F., & Maldonado., H. R. (2010). *Dendrometria.* Mexico: Chapingo.

Zaragoza. (16 de Septiembre de 2009). El cultivo de la TECA.

XII ANEXOS

ANEXOS

Anexo 1 Georeferenciacion de las fincas MLR.

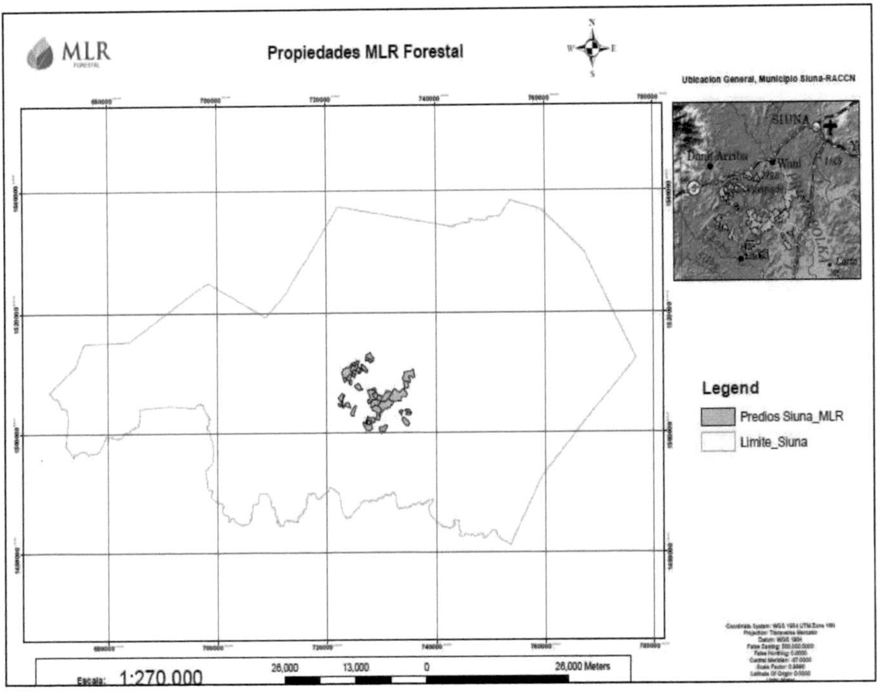

Anexo 2. Hoja de registro de datos para el coeficiente de forma.

<table>
<tr><td>N. árbol:_____
Finca:______________
Sección:_____________
Comunidad:__________
Año de establecimiento:_____</td><td>Coordenadas UTM
X:_______________
Y:_______________
Dominancia del árbol:
D____, C____, S_____</td><td>Fecha:_______________
A.S.N.M._____________
Tratamiento Silvicultural
P___, F___, MP___,
Otros___;
Especificar:___________
Marco de plantación:__________</td></tr>
<tr><td>Sección (m)</td><td>Dcc (cm)</td><td>Dsc (cm)</td></tr>
<tr><td>0.30</td><td></td><td></td></tr>
<tr><td>1.30</td><td></td><td></td></tr>
<tr><td>2.30</td><td></td><td></td></tr>
<tr><td>3.30</td><td></td><td></td></tr>
<tr><td>4.30</td><td></td><td></td></tr>
<tr><td>5.30</td><td></td><td></td></tr>
<tr><td>6.30</td><td></td><td></td></tr>
<tr><td>7.30</td><td></td><td></td></tr>
<tr><td>8.30</td><td></td><td></td></tr>
<tr><td>9.30</td><td></td><td></td></tr>
<tr><td>10.30</td><td></td><td></td></tr>
<tr><td>11.30</td><td></td><td></td></tr>
<tr><td>12.30</td><td></td><td></td></tr>
<tr><td>13.30</td><td></td><td></td></tr>
<tr><td>14.30</td><td></td><td></td></tr>
<tr><td>15.30</td><td></td><td></td></tr>
<tr><td>16.30</td><td></td><td></td></tr>
<tr><td>17.30</td><td></td><td></td></tr>
<tr><td>18.30</td><td></td><td></td></tr>
<tr><td>19.30</td><td></td><td></td></tr>
<tr><td>20.30</td><td></td><td></td></tr>
<tr><td>Longitud de punta____
Altura total:_________
Altura comercial:_____
Diámetro de base:____</td><td>D: dominantes
C: Codominantes
S: suprimidos</td><td>Dsc: diámetro sin corteza
Dcc: diámetro con corteza
P: poda, F: fertilización,
MP: manejo de plagas.</td></tr>
</table>

Anexo 3 Mapa de la finca Mutiwas con la su distribución de parcelas.

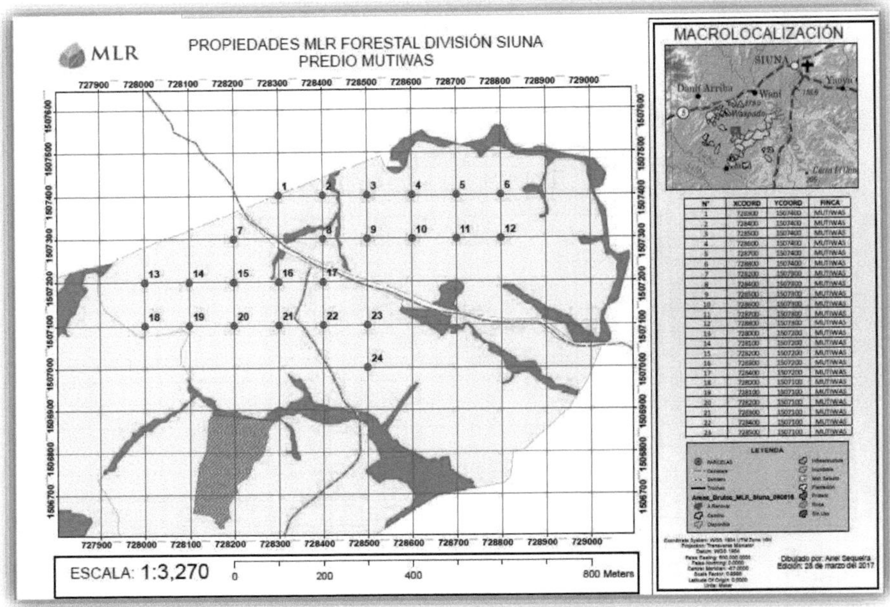

Anexo 4 Mapa de la finca Waspado con la distribución de sus parcelas.

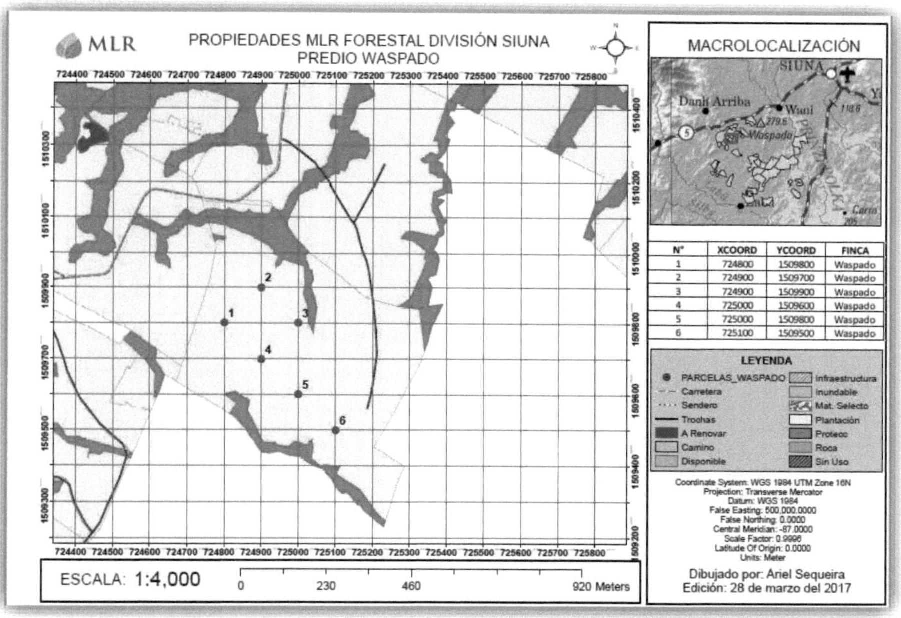

Anexo 5 Mapa de la finca Danli con la distribución de sus parcelas.

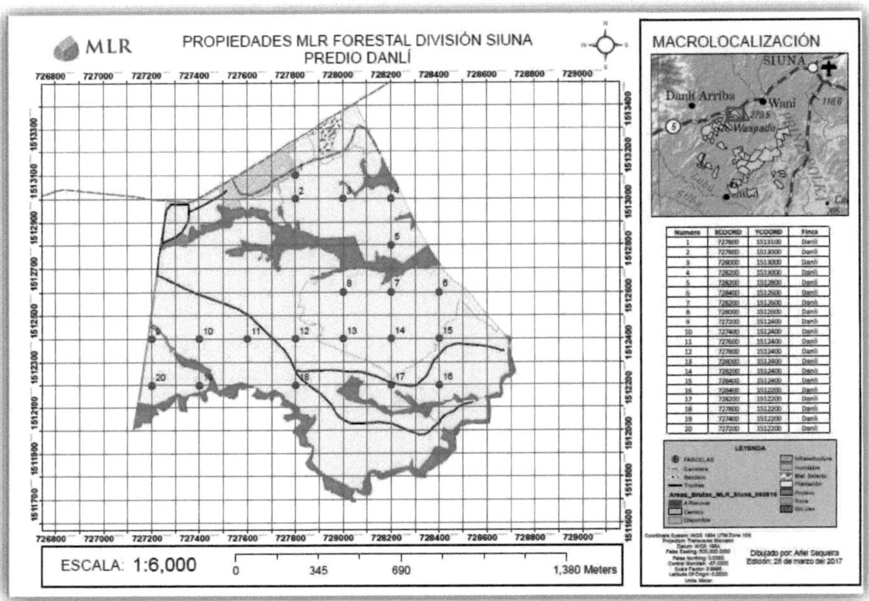

Numero	XCOORD	YCOORD	Finca
1	727800	1513100	Danli
2	727800	1513000	Danli
3	728000	1513000	Danli
4	728200	1513000	Danli
5	728200	1512800	Danli
6	728400	1512600	Danli
7	728200	1512600	Danli
8	728000	1512600	Danli
9	727200	1512400	Danli
10	727400	1512400	Danli
11	727600	1512400	Danli
12	727800	1512400	Danli
13	728000	1512400	Danli
14	728200	1512400	Danli
15	728400	1512400	Danli
16	728400	1512200	Danli
17	728200	1512200	Danli
18	727800	1512200	Danli
19	727400	1512200	Danli
20	727200	1512200	Danli

Anexo 6 Resumen de los datos levantados en campo.

Numero	N° de árbol Por finca	Año de establecimiento	Dominancia del árbol	Dn cc (cm)	Dn sc (cm)	Db (cm)	Ht (m)	Vcc (m3)	Vsc (m3)	Sección	Comunidad	Finca	Fecha	volumen del cilindro cc	ff cc	X2	volumen del cilindro cc	ff sc	X2
1	1	2011	1	13	11	16.5	8.25	**0.0462**	**0.0344**	4141	Waspado	Waspado	7/5/2016	**0.1095**	**0.42**	0.1782	**0.0784**	**0.44**	0.1924
2	2	2011	1	11	9	15.5	10.79	**0.0448**	**0.0300**	4141	Waspado	Waspado	7/5/2016	**0.1025**	**0.44**	0.1907	**0.0686**	**0.44**	0.1916
3	3	2011	2	11	9	14.77	10.18	**0.0539**	**0.0334**	4141	Waspado	Waspado	7/5/2016	**0.0967**	**0.56**	0.3107	**0.0648**	**0.52**	0.2661
4	4	2011	3	9.75	7.8	12.65	8.07	**0.0344**	**0.0228**	4141	Waspado	Waspado	7/5/2016	**0.0603**	**0.57**	0.3262	**0.0386**	**0.59**	0.3489
5	5	2011	3	10.15	8.55	13.03	8.93	**0.0408**	**0.0295**	4141	Waspado	Waspado	7/5/2016	**0.0723**	**0.56**	0.3191	**0.0513**	**0.57**	0.3303
6	6	2011	2	10.55	8.95	14.92	9.69	**0.0464**	**0.0329**	4141	Waspado	Waspado	7/5/2016	**0.0847**	**0.55**	0.3000	**0.0610**	**0.54**	0.2918
7	7	2011	3	8.6	6.15	11.97	8.46	**0.0274**	**0.0178**	4141	Waspado	Waspado	7/5/2016	**0.0491**	**0.56**	0.3104	**0.0251**	**0.71**	0.5021
8	8	2011	2	10.5	8.3	13	9.04	**0.0401**	**0.0254**	4141	Waspado	Waspado	7/5/2016	**0.0783**	**0.51**	0.2619	**0.0489**	**0.52**	0.2704
9	9	2011	1	12.9	10.55	17.14	9.88	**0.0700**	**0.0491**	4141	Waspado	Waspado	7/5/2016	**0.1291**	**0.54**	0.2940	**0.0864**	**0.57**	0.3231
10	10	2011	1	13	12.15	18.6	9.92	**0.0694**	**0.0498**	4141	Waspado	Waspado	7/5/2016	**0.1317**	**0.53**	0.2778	**0.1150**	**0.43**	0.1872
11	11	2011	3	10.4	9.25	13.23	9.13	**0.0393**	**0.0266**	4141	Waspado	Waspado	7/5/2016	**0.0776**	**0.51**	0.2571	**0.0614**	**0.43**	0.1885
12	12	2011	2	12.65	10.2	16.1	10.16	**0.0613**	**0.0407**	4141	Waspado	Waspado	7/5/2016	**0.1277**	**0.48**	0.2302	**0.0830**	**0.49**	0.2398
13	13	2011	2	11.5	9.2	15.27	10.99	**0.0631**	**0.0421**	4141	Waspado	Waspado	7/5/2016	**0.1142**	**0.55**	0.3060	**0.0731**	**0.58**	0.3322
14	14	2011	1	12.3	10.3	16.09	10.16	**0.0690**	**0.0480**	4141	Waspado	Waspado	7/5/2016	**0.1207**	**0.57**	0.3265	**0.0847**	**0.57**	0.3209
15	15	2011	1	13	10.6	18.48	10.16	**0.0680**	**0.0467**	4141	Waspado	Waspado	7/5/2016	**0.1349**	**0.50**	0.2542	**0.0897**	**0.52**	0.2714
16	16	2011	2	12.5	10.35	16.7	10.19	**0.0668**	**0.0462**	4141	Waspado	Waspado	7/5/2016	**0.1251**	**0.53**	0.2853	**0.0857**	**0.54**	0.2901
17	17	2011	2	11.8	8.9	16.87	8.5	**0.0524**	**0.0303**	4141	Waspado	Waspado	7/5/2016	**0.0930**	**0.56**	0.3180	**0.0529**	**0.57**	0.3281
18	18	2011	2	11.25	9.5	13.1	8.05	**0.0412**	**0.0305**	4141	Waspado	Waspado	7/5/2016	**0.0800**	**0.52**	0.2653	**0.0571**	**0.53**	0.2851

Numero	N° de árbol Por finca	Año de establecimiento	Dominancia del árbol	Dn cc (cm)	Dn sc (cm)	Db (cm)	Ht (m)	Vcc (m3)	Vsc (m3)	Sección	Comunidad	Finca	Fecha	volumen del cilindro cc	ff cc	X2	volumen del cilindro cc	ff sc	X2
19	19	2011	3	9.55	7.55	13.5	8.18	**0.0329**	**0.0211**	4141	Waspado	Waspado	7/5/2016	**0.0586**	**0.56**	0.3159	**0.0366**	**0.58**	0.3317
20	20	2011	3	8.35	6.45	11.1	8.82	**0.0268**	**0.0163**	4141	Waspado	Waspado	7/5/2016	**0.0483**	**0.56**	0.3081	**0.0288**	**0.57**	0.3209
21	21	2011	1	13.35	10.85	18.3	11.04	**0.0800**	**0.0543**	4141	Waspado	Waspado	7/5/2016	**0.1545**	**0.52**	0.2680	**0.1021**	**0.53**	0.2833
22	22	2011	2	9.9	8.3	13.6	8.13	**0.0357**	**0.0242**	4141	Waspado	Waspado	7/5/2016	**0.0626**	**0.57**	0.3251	**0.0440**	**0.55**	0.3015
23	23	2011	2	9.65	7.65	12.25	7.73	**0.0306**	**0.0195**	4141	Waspado	Waspado	7/5/2016	**0.0565**	**0.54**	0.2924	**0.0355**	**0.55**	0.3004
24	24	2011	3	7.4	5	10.3	6.42	**0.0170**	**0.0086**	4141	Waspado	Waspado	7/5/2016	**0.0276**	**0.62**	0.3810	**0.0126**	**0.68**	0.4609
25	25	2011	1	11.6	8.7	14.4	8.42	**0.0454**	**0.0276**	4141	Waspado	Waspado	7/5/2016	**0.0890**	**0.51**	0.2604	**0.0501**	**0.55**	0.3045
26	26	2011	3	8.7	6.35	11.98	6.92	**0.0235**	**0.0127**	4141	Waspado	Waspado	7/5/2016	**0.0411**	**0.57**	0.3266	**0.0219**	**0.58**	0.3384
27	27	2011	3	8.1	6.25	11.2	6.56	**0.0218**	**0.0141**	4141	Waspado	Waspado	7/5/2016	**0.0338**	**0.65**	0.4165	**0.0201**	**0.70**	0.4921
28	28	2011	2	9.35	7.25	13.6	7.02	**0.0305**	**0.0184**	4141	Waspado	Waspado	7/5/2016	**0.0482**	**0.63**	0.4000	**0.0290**	**0.63**	0.4019
29	29	2011	3	7.35	5.8	10.1	7.1	**0.0169**	**0.0106**	4141	Waspado	Waspado	7/5/2016	**0.0301**	**0.56**	0.3161	**0.0188**	**0.57**	0.3213
30	30	2011	1	13.75	11.5	17.7	10.06	**0.0722**	**0.0496**	4141	Waspado	Waspado	7/5/2016	**0.1494**	**0.48**	0.2336	**0.1045**	**0.47**	0.2252
31	1	2011	1	13.75	13.1	22.2	14.78	**0.1204**	**0.0866**	5011	Mutiwas	Mutiwas	7/8/2016	**0.2195**	**0.55**	0.3008	**0.1992**	**0.43**	0.1892
32	2	2011	1	15.35	12.85	21.5	8.14	**0.1064**	**0.0809**	5011	Mutiwas	Mutiwas	7/8/2016	**0.1506**	**0.71**	0.4985	**0.1056**	**0.77**	0.5875
33	3	2011	2	11.75	9.9	16.8	8.28	**0.0734**	**0.0445**	5011	Mutiwas	Mutiwas	7/8/2016	**0.0898**	**0.82**	0.6688	**0.0637**	**0.70**	0.4866
34	4	2011	2	13.6	11.35	19.6	12.28	**0.0934**	**0.0651**	5011	Mutiwas	Mutiwas	7/8/2016	**0.1784**	**0.52**	0.2743	**0.1242**	**0.52**	0.2742
35	5	2011	3	10.8	8.85	15.5	7.28	**0.0463**	**0.0313**	5011	Mutiwas	Mutiwas	7/8/2016	**0.0667**	**0.69**	0.4813	**0.0448**	**0.70**	0.4891
36	6	2011	2	13.35	10.85	19.4	10.81	**0.0967**	**0.0678**	5011	Mutiwas	Mutiwas	7/8/2016	**0.1513**	**0.64**	0.4080	**0.0999**	**0.68**	0.4599
37	7	2011	1	12.92	11.25	18	11.84	**0.0787**	**0.0563**	5011	Mutiwas	Mutiwas	7/8/2016	**0.1552**	**0.51**	0.2573	**0.1177**	**0.48**	0.2292

Numero	N° de árbol Por finca	Año de establecimiento	Dominancia del árbol	Dn cc (cm)	Dn sc (cm)	Db (cm)	Ht (m)	Vcc (m3)	Vsc (m3)	Sección	Comunidad	Finca	Fecha	volumen del cilindro cc	ff cc	X2	volumen del cilindro cc	ff sc	X2
38	8	2011	1	15.25	12.8	19.3	11.28	0.1073	0.0782	5011	Mutiwas	Mutiwas	7/8/2016	0.2060	0.52	0.2713	0.1452	0.54	0.2901
39	9	2011	3	10.5	8.75	13.8	10.23	0.0518	0.0348	5011	Mutiwas	Mutiwas	7/8/2016	0.0886	0.58	0.3418	0.0615	0.57	0.3209
40	10	2011	3	10.25	8.3	15	10.84	0.0521	0.0333	5011	Mutiwas	Mutiwas	7/8/2016	0.0894	0.58	0.3390	0.0587	0.57	0.3222
41	11	2011	1	13.8	11.35	20.3	12.6	0.0879	0.0611	5011	Mutiwas	Mutiwas	7/8/2016	0.1885	0.47	0.2175	0.1275	0.48	0.2300
42	12	2011	2	11.8	9.7	16	12.67	0.0719	0.0484	5011	Mutiwas	Mutiwas	7/8/2016	0.1386	0.52	0.2690	0.0936	0.52	0.2668
43	13	2011	1	14.05	11.8	19.9	13.42	0.0999	0.0699	5011	Mutiwas	Mutiwas	7/8/2016	0.2081	0.48	0.2304	0.1468	0.48	0.2269
44	14	2011	3	9.5	8	13.8	12.87	0.0507	0.0337	5011	Mutiwas	Mutiwas	7/8/2016	0.0912	0.56	0.3090	0.0647	0.52	0.2716
45	15	2011	3	9.7	7.85	15.1	9.25	0.0448	0.0300	5011	Mutiwas	Mutiwas	7/8/2016	0.0684	0.65	0.4288	0.0448	0.67	0.4477
46	16	2011	2	11.8	9.6	16.9	13.3	0.0794	0.0540	5011	Mutiwas	Mutiwas	7/8/2016	0.1454	0.55	0.2977	0.0963	0.56	0.3141
47	17	2011	3	10.45	8.6	15	10.11	0.0554	0.0371	5011	Mutiwas	Mutiwas	7/8/2016	0.0867	0.64	0.4078	0.0587	0.63	0.3981
48	18	2011	1	13.7	11.75	19.8	11.24	0.0988	0.0704	5011	Mutiwas	Mutiwas	7/8/2016	0.1657	0.60	0.3556	0.1219	0.58	0.3334
49	19	2011	2	12.5	10.15	17	13.01	0.0829	0.0554	5011	Mutiwas	Mutiwas	7/8/2016	0.1597	0.52	0.2697	0.1053	0.53	0.2772
50	20	2011	3	10.75	8.85	14.1	11.08	0.0574	0.0410	5011	Mutiwas	Mutiwas	7/8/2016	0.1006	0.57	0.3252	0.0682	0.60	0.3612
51	21	2011	1	13.1	10.9	18.4	10.08	0.0783	0.0554	5011	Mutiwas	Mutiwas	7/8/2016	0.1359	0.58	0.3320	0.0941	0.59	0.3471
52	22	2011	2	12.3	10.05	17.6	9.68	0.0663	0.0452	5011	Mutiwas	Mutiwas	7/8/2016	0.1150	0.58	0.3323	0.0768	0.59	0.3462
53	23	2011	3	9.15	7.65	12.4	10.65	0.0378	0.0257	5011	Mutiwas	Mutiwas	7/8/2016	0.0700	0.54	0.2912	0.0490	0.52	0.2753
54	24	2011	2	10.2	8.1	15.9	11.6	0.0565	0.0359	5011	Mutiwas	Mutiwas	7/8/2016	0.0948	0.60	0.3547	0.0598	0.60	0.3602
55	25	2011	1	15.25	12.45	20	12.73	0.1163	0.0750	5011	Mutiwas	Mutiwas	7/8/2016	0.2325	0.50	0.2500	0.1550	0.48	0.2339
56	26	2011	1	14.65	12.4	19.33	11.17	0.0977	0.0721	5011	Mutiwas	Mutiwas	7/8/2016	0.1883	0.52	0.2691	0.1349	0.53	0.2861

Numero	N° de árbol Por finca	Año de establecimiento	Dominancia del árbol	Dn cc (cm)	Dn sc (cm)	Db (cm)	Ht (m)	Vcc (m3)	Vsc (m3)	Sección	Comunidad	Finca	Fecha	volumen del cilindro cc	ff cc	X2	volumen del cilindro cc	ff sc	X2
57	27	2011	2	12	9.35	15.7	10.08	0.0604	0.0388	5011	Mutiwas	Mutiwas	7/8/2016	0.1140	0.53	0.2805	0.0692	0.56	0.3149
58	28	2011	3	10.55	8.75	15.7	9.7	0.0465	0.0325	5011	Mutiwas	Mutiwas	7/8/2016	0.0848	0.55	0.3009	0.0583	0.56	0.3110
59	29	2011	3	10.25	8.4	13.3	9.48	0.0438	0.0290	5011	Mutiwas	Mutiwas	7/8/2016	0.0782	0.56	0.3134	0.0525	0.55	0.3054
60	30	2011	1	13.85	11.25	19.1	12.07	0.0950	0.0635	5011	Mutiwas	Mutiwas	7/8/2016	0.1818	0.52	0.2728	0.1200	0.53	0.2805
61	31	2011	2	12.35	10.6	17.6	9.87	0.0653	0.0452	5011	Mutiwas	Mutiwas	7/8/2016	0.1182	0.55	0.3053	0.0871	0.52	0.2688
62	32	2011	1	12.4	10.4	17	12.77	0.0780	0.0550	5011	Mutiwas	Mutiwas	7/8/2016	0.1542	0.51	0.2559	0.1085	0.51	0.2568
63	33	2011	2	12.55	10.6	17.9	10.62	0.0748	0.0541	5011	Mutiwas	Mutiwas	7/8/2016	0.1314	0.57	0.3239	0.0937	0.58	0.3334
64	34	2011	3	8.95	7	12.7	9.28	0.0358	0.0216	5011	Mutiwas	Mutiwas	7/8/2016	0.0584	0.61	0.3756	0.0357	0.60	0.3654
65	35	2011	1	12.75	10.75	17.8	13.48	0.0898	0.0631	5011	Mutiwas	Mutiwas	7/8/2016	0.1721	0.52	0.2720	0.1223	0.52	0.2657
66	36	2011	3	11.5	10.2	16.8	10.02	0.0607	0.0448	5011	Mutiwas	Mutiwas	7/8/2016	0.1041	0.58	0.3402	0.0819	0.55	0.2996
67	37	2011	2	12	9.85	15.7	9.72	0.0593	0.0397	5011	Mutiwas	Mutiwas	7/8/2016	0.1099	0.54	0.2906	0.0741	0.54	0.2878
68	38	2011	2	11.75	10.1	15.8	11.49	0.0619	0.0470	5011	Mutiwas	Mutiwas	7/8/2016	0.1246	0.50	0.2465	0.0921	0.51	0.2609
69	39	2011	3	11.4	9.55	15	9.29	0.0565	0.0398	5011	Mutiwas	Mutiwas	7/8/2016	0.0948	0.60	0.3551	0.0665	0.60	0.3575
70	40	2011	3	10.9	9.25	16.4	10.22	0.0528	0.0378	5011	Mutiwas	Mutiwas	7/8/2016	0.0954	0.55	0.3069	0.0687	0.55	0.3035
71	41	2011	3	11.25	9.45	14.7	9.8	0.0542	0.0396	5011	Mutiwas	Mutiwas	7/8/2016	0.0974	0.56	0.3097	0.0687	0.58	0.3315
72	42	2011	3	10	8.25	14	10.65	0.0493	0.0325	5011	Mutiwas	Mutiwas	7/8/2016	0.0836	0.59	0.3468	0.0569	0.57	0.3261
73	43	2011	1	17.4	15	21.9	13.51	0.1336	0.1015	5011	Mutiwas	Mutiwas	7/8/2016	0.3213	0.42	0.1731	0.2387	0.43	0.1807
74	44	2011	2	12.7	10.55	18.7	9.74	0.0734	0.0540	5011	Mutiwas	Mutiwas	7/8/2016	0.1234	0.59	0.3537	0.0851	0.63	0.4017
75	45	2011	2	14.95	12.6	20.7	12.99	0.1182	0.0832	5011	Mutiwas	Mutiwas	7/8/2016	0.2280	0.52	0.2688	0.1620	0.51	0.2636

Numero	N° de árbol Por finca	Año de establecimiento	Dominancia del árbol	Dn cc (cm)	Dn sc (cm)	Db (cm)	Ht (m)	Vcc (m3)	Vsc (m3)	Sección	Comunidad	Finca	Fecha	volumen del cilindro cc	ff cc	X2	volumen del cilindro cc	ff sc	X2
76	1	2011	1	13.25	11.35	19.9	8.59	0.0839	0.0586	5021	Mutiwas	Mutiwas	18/9/2016	0.1184	0.71	0.5020	0.0869	0.67	0.4553
77	2	2011	2	13.85	11.1	17.6	12.61	0.0919	0.0600	5021	Mutiwas	Mutiwas	18/9/2016	0.1900	0.48	0.2341	0.1220	0.49	0.2418
78	3	2011	2	15.75	12.8	19.8	8.21	0.1067	0.0740	5021	Mutiwas	Mutiwas	18/9/2016	0.1600	0.67	0.4452	0.1056	0.70	0.4901
79	4	2011	3	8.55	6.95	11.2	9.10	0.0274	0.0175	5021	Mutiwas	Mutiwas	18/9/2016	0.0522	0.52	0.2744	0.0345	0.51	0.2561
80	5	2011	3	10.8	8.65	14.5	10.50	0.0523	0.0333	5021	Mutiwas	Mutiwas	18/9/2016	0.0962	0.54	0.2957	0.0617	0.54	0.2911
81	6	2011	1	15.55	12.85	20	13.95	0.1410	0.0908	5021	Mutiwas	Mutiwas	18/9/2016	0.2649	0.53	0.2834	0.1809	0.50	0.2519
82	7	2011	2	13.3	10.35	16.6	10.41	0.0879	0.0579	5021	Mutiwas	Mutiwas	18/9/2016	0.1446	0.61	0.3695	0.0876	0.66	0.4375
83	8	2011	2	13.75	11.6	17	9.05	0.0843	0.0563	5021	Mutiwas	Mutiwas	18/9/2016	0.1344	0.63	0.3939	0.0956	0.59	0.3463
84	9	2011	3	10.5	8.85	14.3	10.66	0.0491	0.0352	5021	Mutiwas	Mutiwas	18/9/2016	0.0923	0.53	0.2824	0.0656	0.54	0.2881
85	10	2011	3	12.05	9.5	15	10.83	0.0630	0.0384	5021	Mutiwas	Mutiwas	18/9/2016	0.1235	0.51	0.2603	0.0768	0.50	0.2508
86	11	2011	3	10.35	8.9	14.3	10.29	0.0500	0.0350	5021	Mutiwas	Mutiwas	18/9/2016	0.0866	0.58	0.3339	0.0640	0.55	0.2982
87	12	2011	1	14.15	11.75	18.2	12.17	0.0968	0.0665	5021	Mutiwas	Mutiwas	18/9/2016	0.1914	0.51	0.2556	0.1320	0.50	0.2536
88	13	2011	1	14.05	11.06	18.6	10.55	0.0842	0.0584	5021	Mutiwas	Mutiwas	18/9/2016	0.1636	0.51	0.2650	0.1014	0.58	0.3324
89	14	2011	1	17.8	15.35	23	10.74	0.1409	0.1022	5021	Mutiwas	Mutiwas	18/9/2016	0.2673	0.53	0.2780	0.1988	0.51	0.2646
90	15	2011	2	13.75	11.25	18.2	10.99	0.0819	0.0543	5021	Mutiwas	Mutiwas	18/9/2016	0.1632	0.50	0.2517	0.1092	0.50	0.2469
91	16	2011	1	14.05	11.8	19.2	11.28	0.0919	0.0658	5021	Mutiwas	Mutiwas	18/9/2016	0.1749	0.53	0.2761	0.1234	0.53	0.2848
92	17	2011	3	6.2	5	8.95	7.29	0.0124	0.0081	5021	Mutiwas	Mutiwas	19/9/2016	0.0220	0.56	0.3175	0.0143	0.57	0.3200
93	18	2011	2	13.35	11.05	18.2	12.28	0.0930	0.0644	5021	Mutiwas	Mutiwas	19/9/2016	0.1719	0.54	0.2927	0.1178	0.55	0.2995
94	19	2011	2	15.2	12.75	19.1	11.9	0.1015	0.0729	5021	Mutiwas	Mutiwas	19/9/2016	0.2159	0.47	0.2211	0.1519	0.48	0.2302

Numero	N° de árbol Por finca	Año de establecimiento	Dominancia del árbol	Dn cc (cm)	Dn sc (cm)	Db (cm)	Ht (m)	Vcc (m3)	Vsc (m3)	Sección	Comunidad	Finca	Fecha	volumen del cilindro cc	ff cc	X2	volumen del cilindro cc	ff sc	X2
95	20	2011	3	7.25	5.85	8.8	8.52	**0.0200**	**0.0143**	5021	Mutiwas	Mutiwas	19/9/2016	**0.0352**	**0.57**	0.3242	**0.0229**	**0.62**	0.3893
96	21	2011	1	13.7	11.2	18.4	12.77	**0.0903**	**0.0639**	5021	Mutiwas	Mutiwas	19/9/2016	**0.1882**	**0.48**	0.2303	**0.1258**	**0.51**	0.2581
97	22	2011	2	14	11	17.5	12.29	**0.0960**	**0.0656**	5021	Mutiwas	Mutiwas	19/9/2016	**0.1892**	**0.51**	0.2575	**0.1168**	**0.56**	0.3150
98	23	2011	1	12.3	10.35	16	12.55	**0.0856**	**0.0604**	5021	Mutiwas	Mutiwas	19/9/2016	**0.1491**	**0.57**	0.3296	**0.1056**	**0.57**	0.3277
99	24	2011	3	12.2	9.6	14.7	6.83	**0.0547**	**0.0364**	5021	Mutiwas	Mutiwas	19/9/2016	**0.0798**	**0.69**	0.4698	**0.0494**	**0.74**	0.5431
100	25	2011	3	10.4	9.05	14.3	10.95	**0.0551**	**0.0411**	5021	Mutiwas	Mutiwas	19/9/2016	**0.0930**	**0.59**	0.3511	**0.0704**	**0.58**	0.3401
101	26	2011	1	19.1	15.75	24.7	15.07	**0.2010**	**0.1342**	5021	Mutiwas	Mutiwas	19/9/2016	**0.4318**	**0.47**	0.2166	**0.2936**	**0.46**	0.2088
102	27	2011	3	9.05	7.35	13.4	9.90	**0.0378**	**0.0241**	5021	Mutiwas	Mutiwas	20/9/2016	**0.0637**	**0.59**	0.3529	**0.0420**	**0.57**	0.3296
103	28	2011	2	14.15	12.05	18.6	12.29	**0.1124**	**0.0769**	5021	Mutiwas	Mutiwas	20/9/2016	**0.1933**	**0.58**	0.3382	**0.1402**	**0.55**	0.3010
104	29	2011	1	17.2	14.75	22.4	15.47	**0.1702**	**0.1298**	5021	Mutiwas	Mutiwas	20/9/2016	**0.3594**	**0.47**	0.2243	**0.2643**	**0.49**	0.2411
105	30	2011	2	16.4	13.25	22	11.55	**0.1362**	**0.0875**	5021	Mutiwas	Mutiwas	20/9/2016	**0.2440**	**0.56**	0.3117	**0.1593**	**0.55**	0.3018
106	31	2011	1	15.65	14	22.6	9.88	**0.1211**	**0.0919**	5021	Mutiwas	Mutiwas	20/9/2016	**0.1901**	**0.64**	0.4060	**0.1521**	**0.60**	0.3653
107	32	2011	2	14.45	12.3	20.8	11.92	**0.0922**	**0.0683**	5021	Mutiwas	Mutiwas	20/9/2016	**0.1955**	**0.47**	0.2224	**0.1416**	**0.48**	0.2322
108	33	2011	3	9.85	8.3	14.5	10.02	**0.0407**	**0.0286**	5021	Mutiwas	Mutiwas	20/9/2016	**0.0764**	**0.53**	0.2846	**0.0542**	**0.53**	0.2777
109	34	2011	3	6.25	5.2	9.1	7.52	**0.0147**	**0.0101**	5021	Mutiwas	Mutiwas	20/9/2016	**0.0231**	**0.64**	0.4048	**0.0160**	**0.63**	0.4001
110	35	2011	2	14.1	11.55	20.7	7.93	**0.0824**	**0.0556**	5021	Mutiwas	Mutiwas	20/9/2016	**0.1238**	**0.67**	0.4432	**0.0831**	**0.67**	0.4476
111	36	2011	1	16	12.9	21.6	10.76	**0.1235**	**0.0842**	5021	Mutiwas	Mutiwas	20/9/2016	**0.2163**	**0.57**	0.3260	**0.1406**	**0.60**	0.3587
112	37	2011	2	14.1	11.45	17.5	8.50	**0.0782**	**0.0537**	5021	Mutiwas	Mutiwas	20/9/2016	**0.1327**	**0.59**	0.3470	**0.0875**	**0.61**	0.3758
113	38	2011	3	10.4	8.7	13.1	6.20	**0.0407**	**0.0282**	5021	Mutiwas	Mutiwas	23/9/2016	**0.0527**	**0.77**	0.5960	**0.0369**	**0.77**	0.5861

Numero	N° de árbol Por finca	Año de establecimiento	Dominancia del árbol	Dn cc (cm)	Dn sc (cm)	Db (cm)	Ht (m)	Vcc (m3)	Vsc (m3)	Sección	Comunidad	Finca	Fecha	volumen del cilindro cc	ff cc	X2	volumen del cilindro cc	ff sc	X2
114	39	2011	2	13.5	11.7	17.2	7.02	**0.0756**	**0.0542**	5021	Mutiwas	Mutiwas	23/9/2016	**0.1005**	**0.75**	0.5654	**0.0755**	**0.72**	0.5148
115	40	2011	3	11.4	9.1	16.9	8.97	**0.0596**	**0.0396**	5021	Mutiwas	Mutiwas	23/9/2016	**0.0916**	**0.65**	0.4239	**0.0583**	**0.68**	0.4600
116	41	2011	2	10.95	9	13.7	9.53	**0.0548**	**0.0378**	5021	Mutiwas	Mutiwas	23/9/2016	**0.0897**	**0.61**	0.3733	**0.0606**	**0.62**	0.3878
117	42	2011	1	13.6	12	18.1	11.50	**0.0914**	**0.0714**	5021	Mutiwas	Mutiwas	23/9/2016	**0.1671**	**0.55**	0.2996	**0.1301**	**0.55**	0.3013
118	43	2011	3	8.6	6.6	10.4	9.57	**0.0311**	**0.0190**	5021	Mutiwas	Mutiwas	23/9/2016	**0.0556**	**0.56**	0.3129	**0.0327**	**0.58**	0.3361
119	44	2011	1	15.45	13.2	17.8	9.14	**0.1133**	**0.0836**	5021	Mutiwas	Mutiwas	23/9/2016	**0.1714**	**0.66**	0.4374	**0.1251**	**0.67**	0.4468
120	45	2011	3	9.75	7.5	12.2	9.54	**0.0411**	**0.0251**	5021	Mutiwas	Mutiwas	23/9/2016	**0.0712**	**0.58**	0.3330	**0.0421**	**0.60**	0.3542
121	46	2011	1	14.6	12.45	20.5	10.03	**0.1202**	**0.0860**	5021	Mutiwas	Mutiwas	23/9/2016	**0.1679**	**0.72**	0.5125	**0.1221**	**0.70**	0.4962
122	47	2011	2	11.55	9.9	16.5	11.88	**0.0640**	**0.0483**	5021	Mutiwas	Mutiwas	23/9/2016	**0.1245**	**0.51**	0.2647	**0.0914**	**0.53**	0.2794
123	48	2011	3	7.75	5.85	9.6	7.10	**0.0203**	**0.0115**	5021	Mutiwas	Mutiwas	23/9/2016	**0.0335**	**0.61**	0.3665	**0.0191**	**0.60**	0.3626
124	49	2011	2	12.55	10.1	14.9	10.81	**0.0664**	**0.0439**	5021	Mutiwas	Mutiwas	23/9/2016	**0.1337**	**0.50**	0.2469	**0.0866**	**0.51**	0.2566
125	50	2011	1	13.95	12.4	17.9	9.70	**0.0953**	**0.0738**	5021	Mutiwas	Mutiwas	25/9/2016	**0.1483**	**0.64**	0.4131	**0.1171**	**0.63**	0.3972
126	51	2011	3	7.6	6.05	9.7	7.72	**0.0202**	**0.0134**	5021	Mutiwas	Mutiwas	25/9/2016	**0.0350**	**0.58**	0.3332	**0.0222**	**0.60**	0.3644
127	52	2011	3	10.3	8.8	12.7	8.92	**0.0457**	**0.0315**	5021	Mutiwas	Mutiwas	25/9/2016	**0.0743**	**0.61**	0.3780	**0.0543**	**0.58**	0.3381
128	53	2011	2	12.5	10.2	14.9	11.84	**0.0800**	**0.0522**	5021	Mutiwas	Mutiwas	25/9/2016	**0.1453**	**0.55**	0.3031	**0.0967**	**0.54**	0.2908
129	54	2011	1	15.1	12.85	17.5	13.20	**0.1033**	**0.0762**	5021	Mutiwas	Mutiwas	25/9/2016	**0.2364**	**0.44**	0.1908	**0.1712**	**0.45**	0.1980
130	55	2011	2	13.45	11.05	17.8	13	**0.0895**	**0.0631**	5021	Mutiwas	Mutiwas	25/9/2016	**0.1847**	**0.48**	0.2345	**0.1247**	**0.51**	0.2560
131	56	2011	2	14.15	11.9	17.5	12.12	**0.0986**	**0.0705**	5021	Mutiwas	Mutiwas	25/9/2016	**0.1906**	**0.52**	0.2676	**0.1348**	**0.52**	0.2736
132	57	2011	2	11.92	9.6	15.1	9.79	**0.0646**	**0.0443**	5021	Mutiwas	Mutiwas	25/9/2016	**0.1093**	**0.59**	0.3495	**0.0709**	**0.63**	0.3913

Numero	N° de árbol Por finca	Año de establecimiento	Dominancia del árbol	Dn cc (cm)	Dn sc (cm)	Db (cm)	Ht (m)	Vcc (m3)	Vsc (m3)	Sección	Comunidad	Finca	Fecha	volumen del cilindro cc	ff cc	X2	volumen del cilindro cc	ff sc	X2
133	58	2011	1	14.25	12.25	19.1	14.26	0.1252	0.0898	5021	Mutiwas	Mutiwas	25/9/2016	0.2274	0.55	0.3029	0.1681	0.53	0.2854
134	59	2011	3	8.3	7.25	11.5	9.74	0.0331	0.0242	5021	Mutiwas	Mutiwas	25/9/2016	0.0527	0.63	0.3947	0.0402	0.60	0.3608
135	60	2011	3	10.2	8.3	13.7	10.15	0.0440	0.0307	5021	Mutiwas	Mutiwas	25/9/2016	0.0829	0.53	0.2817	0.0549	0.56	0.3133
136	61	2011	3	9.25	9.95	13.3	9.13	0.0399	0.0319	5021	Mutiwas	Mutiwas	25/9/2016	0.0614	0.65	0.4231	0.0710	0.45	0.2016
137	62	2011	2	11.15	8.85	14.7	10.78	0.0553	0.0376	5021	Mutiwas	Mutiwas	10/10/2016	0.1053	0.53	0.2759	0.0663	0.57	0.3222
138	63	2011	2	10.55	9	14.6	10.49	0.0567	0.0332	5021	Mutiwas	Mutiwas	10/10/2016	0.0917	0.62	0.3823	0.0667	0.50	0.2479
139	64	2011	1	12.75	10.75	17.9	12.62	0.0822	0.0590	5021	Mutiwas	Mutiwas	10/10/2016	0.1611	0.51	0.2602	0.1145	0.52	0.2653
140	65	2011	3	10.35	8.65	13.7	11.71	0.0552	0.0382	5021	Mutiwas	Mutiwas	10/10/2016	0.0985	0.56	0.3145	0.0688	0.55	0.3080
141	66	2011	1	15.4	13.5	19.6	13.65	0.1229	0.0932	5021	Mutiwas	Mutiwas	10/10/2016	0.2543	0.48	0.2337	0.1954	0.48	0.2275
142	67	2011	2	13.15	11.4	16.6	13.15	0.0956	0.0692	5021	Mutiwas	Mutiwas	10/10/2016	0.1786	0.54	0.2864	0.1342	0.52	0.2658
143	68	2011	1	15.9	13.8	20	14.16	0.1269	0.0921	5021	Mutiwas	Mutiwas	10/10/2016	0.2812	0.45	0.2036	0.2118	0.43	0.1891
144	69	2011	3	10.35	8	13.5	10.29	0.0478	0.0291	5021	Mutiwas	Mutiwas	10/10/2016	0.0866	0.55	0.3044	0.0517	0.56	0.3161
145	70	2011	2	15.35	13.55	19.9	12.84	0.1226	0.0961	5021	Mutiwas	Mutiwas	10/10/2016	0.2376	0.52	0.2664	0.1852	0.52	0.2692
146	71	2011	3	8.7	6.65	11	4.09	0.0200	0.0128	5021	Mutiwas	Mutiwas	10/10/2016	0.0243	0.82	0.6788	0.0142	0.90	0.8065
147	72	2011	2	10.35	8.1	12.8	6.27	0.0335	0.0212	5021	Mutiwas	Mutiwas	10/10/2016	0.0528	0.63	0.4022	0.0323	0.66	0.4293
148	73	2011	1	13.55	11.75	17.8	8.92	0.0808	0.0599	5021	Mutiwas	Mutiwas	10/10/2016	0.1286	0.63	0.3944	0.0967	0.62	0.3835
149	74	2011	3	7.3	6.1	9.5	5.26	0.0149	0.0102	5021	Mutiwas	Mutiwas	10/10/2016	0.0220	0.68	0.4587	0.0154	0.66	0.4372
150	75	2011	1	11	9.2	14.5	9.20	0.0482	0.0339	5021	Mutiwas	Mutiwas	10/10/2016	0.0874	0.55	0.3040	0.0612	0.55	0.3067
151	76	2011	2	15.1	12.5	21.90	13.62	0.1319	0.0918	5021	Mutiwas	Mutiwas	10/10/2016	0.2439	0.54	0.2923	0.1671	0.55	0.3014

Numero	N° de árbol Por finca	Año de establecimiento	Dominancia del árbol	Dn cc (cm)	Dn sc (cm)	Db (cm)	Ht (m)	Vcc (m3)	Vsc (m3)	Sección	Comunidad	Finca	Fecha	volumen del cilindro cc	ff cc	X2	volumen del cilindro cc	ff sc	X2
152	77	2011	1	14.2	11.6	17.7	13.71	**0.1150**	**0.0780**	5021	Mutiwas	Mutiwas	10/10/2016	**0.2171**	**0.53**	0.2806	**0.1449**	**0.54**	0.2896
153	78	2011	1	17	13.85	21.2	13.27	**0.1492**	**0.1074**	5021	Mutiwas	Mutiwas	10/10/2016	**0.3012**	**0.50**	0.2453	**0.1999**	**0.54**	0.2883
154	79	2011	3	11.3	8.8	14	10.97	**0.0620**	**0.0388**	5021	Mutiwas	Mutiwas	10/10/2016	**0.1100**	**0.56**	0.3177	**0.0667**	**0.58**	0.3381
155	80	2011	2	12.85	10.3	16.1	11.28	**0.0803**	**0.0526**	5021	Mutiwas	Mutiwas	10/10/2016	**0.1463**	**0.55**	0.3017	**0.0940**	**0.56**	0.3133
156	1	2010	1	14.8	12.5	19.8	12.29	**0.0931**	**0.0640**	3021	Waspado	Danli	15/9/2016	**0.2114**	**0.44**	0.1940	**0.1508**	**0.42**	0.1798
157	2	2010	2	13	10.6	19.5	11.17	**0.0743**	**0.0503**	3021	Waspado	Danli	15/9/2016	**0.1483**	**0.50**	0.2511	**0.0986**	**0.51**	0.2604
158	3	2010	1	15.5	13.4	22.2	11.01	**0.1039**	**0.0742**	3021	Waspado	Danli	22/9/2016	**0.2078**	**0.50**	0.2502	**0.1553**	**0.48**	0.2284
159	4	2010	2	11.5	10.5	17.5	8.29	**0.0487**	**0.0377**	3021	Waspado	Danli	22/9/2016	**0.0861**	**0.57**	0.3203	**0.0718**	**0.53**	0.2760
160	5	2010	3	9	7.5	14.5	7.7	**0.0306**	**0.0207**	3021	Waspado	Danli	22/9/2016	**0.0490**	**0.62**	0.3902	**0.0340**	**0.61**	0.3692
161	6	2010	1	15.6	13.2	13.6	12.28	**0.1038**	**0.0753**	3021	Waspado	Danli	22/9/2016	**0.2347**	**0.44**	0.1957	**0.1680**	**0.45**	0.2008
162	7	2010	2	14	12	22.6	12.71	**0.0775**	**0.0579**	3021	Waspado	Danli	22/9/2016	**0.1957**	**0.40**	0.1570	**0.1437**	**0.40**	0.1624
163	8	2010	1	16	15.5	21.9	11.5	**0.0828**	**0.0692**	3021	Waspado	Danli	15/9/2016	**0.2312**	**0.36**	0.1283	**0.2170**	**0.32**	0.1017
164	9	2010	3	7.4	6	11.6	6.7	**0.0174**	**0.0122**	3021	Waspado	Danli	15/9/2016	**0.0288**	**0.60**	0.3649	**0.0189**	**0.65**	0.4173
165	10	2010	3	9.2	7.1	12.2	7.67	**0.0285**	**0.0179**	3021	Waspado	Danli	22/9/2016	**0.0510**	**0.56**	0.3120	**0.0304**	**0.59**	0.3459
166	11	2010	3	10.1	8.5	14	9.28	**0.0372**	**0.0258**	3031	Waspado	Danli	15/9/2016	**0.0744**	**0.50**	0.2503	**0.0527**	**0.49**	0.2396
167	12	2010	3	8.8	7.1	12.5	7.29	**0.0267**	**0.0183**	3031	Waspado	Danli	15/9/2016	**0.0443**	**0.60**	0.3630	**0.0289**	**0.64**	0.4033
168	13	2010	1	14.4	12.8	19.5	11.17	**0.0871**	**0.0683**	3031	Waspado	Danli	15/9/2016	**0.1819**	**0.48**	0.2291	**0.1437**	**0.48**	0.2257
169	14	2010	1	14.6	12.8	19.5	11.26	**0.0875**	**0.0655**	3031	Waspado	Danli	15/9/2016	**0.1885**	**0.46**	0.2153	**0.1449**	**0.45**	0.2044
170	15	2010	2	11.2	9.5	19.1	10.01	**0.0549**	**0.0433**	3031	Waspado	Danli	15/9/2016	**0.0986**	**0.56**	0.3099	**0.0710**	**0.61**	0.3731

Numero	N° de árbol Por finca	Año de establecimiento	Dominancia del árbol	Dn cc (cm)	Dn sc (cm)	Db (cm)	Ht (m)	Vcc (m3)	Vsc (m3)	Sección	Comunidad	Finca	Fecha	volumen del cilindro cc	ff cc	X2	volumen del cilindro cc	ff sc	X2
171	16	2010	1	12.8	10.2	19.1	10.29	**0.0718**	**0.0464**	3031	Waspado	Danli	15/9/2016	**0.1324**	**0.54**	0.2939	**0.0841**	**0.55**	0.3039
172	17	2010	3	7.2	6	10.1	7.16	**0.0177**	**0.0121**	3031	Waspado	Danli	11/10/2016	**0.0292**	**0.61**	0.3674	**0.0202**	**0.60**	0.3568
173	18	2010	2	11	9.5	17.3	9.07	**0.0420**	**0.0330**	3031	Waspado	Danli	11/2/2016	**0.0862**	**0.49**	0.2370	**0.0643**	**0.51**	0.2629
174	19	2010	1	14	12.5	19.1	10.02	**0.0599**	**0.0476**	3031	Waspado	Danli	11/10/2016	**0.1542**	**0.39**	0.1508	**0.1230**	**0.39**	0.1500
175	20	2010	3	8	6.8	13.1	6.97	**0.0248**	**0.0187**	3031	Waspado	Danli	11/10/2016	**0.0350**	**0.71**	0.5024	**0.0253**	**0.74**	0.5452
176	21	2010	2	11.5	9.8	16	9.28	**0.0474**	**0.0332**	3031	Waspado	Danli	11/10/2016	**0.0964**	**0.49**	0.2423	**0.0700**	**0.47**	0.2251
177	22	2010	2	13.5	11.8	18.5	9	**0.0691**	**0.0529**	3031	Waspado	Danli	15/9/2016	**0.1288**	**0.54**	0.2877	**0.0984**	**0.54**	0.2893
178	23	2010	2	10.5	8.9	14.4	10.3	**0.0478**	**0.0359**	3031	Waspado	Danli	15/9/2016	**0.0892**	**0.54**	0.2870	**0.0641**	**0.56**	0.3141
179	24	2010	3	9.5	8.5	13.2	8.25	**0.0329**	**0.0244**	3031	Waspado	Danli	15/9/2016	**0.0585**	**0.56**	0.3160	**0.0468**	**0.52**	0.2717
180	25	2010	3	10	8.6	14.2	9.93	**0.0411**	**0.0303**	3031	Waspado	Danli	15/9/2016	**0.0780**	**0.53**	0.2774	**0.0577**	**0.53**	0.2760
181	26	2010	1	13.1	9.8	18.6	18.6	**0.0584**	**0.0334**	3031	Waspado	Danli	31/8/2016	**0.2507**	**0.23**	0.0542	**0.1403**	**0.24**	0.0568
182	27	2010	1	14.1	11.5	16.9	8.3	**0.0753**	**0.0491**	3031	Waspado	Danli	31/8/2016	**0.1296**	**0.58**	0.3375	**0.0862**	**0.57**	0.3243
183	28	2010	1	15.9	12.5	24	11.54	**0.1109**	**0.0745**	3031	Waspado	Danli	31/8/2016	**0.2291**	**0.48**	0.2342	**0.1416**	**0.53**	0.2770
184	29	2010	3	9.2	7	13.1	7.44	**0.0273**	**0.0157**	3031	Waspado	Danli	31/8/2016	**0.0495**	**0.55**	0.3044	**0.0286**	**0.55**	0.3024
185	30	2010	2	14.7	10.7	16.3	9.92	**0.0737**	**0.0485**	3031	Waspado	Danli	15/9/2016	**0.1684**	**0.44**	0.1915	**0.0892**	**0.54**	0.2959
186	31	2010	1	17	14.1	19.1	11.28	**0.1123**	**0.0791**	3031	Waspado	Danli	15/9/2016	**0.2560**	**0.44**	0.1924	**0.1761**	**0.45**	0.2018
187	32	2010	3	10	7.5	13.2	10.13	**0.0394**	**0.0245**	3031	Waspado	Danli	15/9/2016	**0.0796**	**0.50**	0.2457	**0.0448**	**0.55**	0.3002
188	33	2010	2	11.1	9.8	15.2	9.29	**0.0474**	**0.0323**	3031	Waspado	Danli	15/9/2016	**0.0899**	**0.53**	0.2778	**0.0701**	**0.46**	0.2124
189	34	2010	1	13.5	11	19.3	10.72	**0.0843**	**0.0570**	3031	Waspado	Danli	15/9/2016	**0.1534**	**0.55**	0.3020	**0.1019**	**0.56**	0.3126

Numero	N° de árbol Por finca	Año de establecimiento	Dominancia del árbol	Dn cc (cm)	Dn sc (cm)	Db (cm)	Ht (m)	Vcc (m3)	Vsc (m3)	Sección	Comunidad	Finca	Fecha	volumen del cilindro cc	ff cc	X2	volumen del cilindro cc	ff sc	X2
190	35	2010	2	11.7	9.2	15.7	9.58	0.0572	0.0363	3031	Waspado	Danli	31/8/2016	0.1030	0.56	0.3088	0.0637	0.57	0.3252
191	36	2010	3	8.4	6.7	12.5	7.62	0.0250	0.0175	3031	Waspado	Danli	31/8/2016	0.0422	0.59	0.3501	0.0269	0.65	0.4236
192	37	2010	2	12.6	10.3	16.7	10.1	0.0620	0.0403	3031	Waspado	Danli	31/8/2016	0.1259	0.49	0.2423	0.0842	0.48	0.2290
193	38	2011	1	16.15	12.25	18.9	9.02	0.0793	0.0537	3031	Waspado	Danli	31/8/2016	0.1848	0.43	0.1842	0.1063	0.51	0.2556
194	39	2011	3	10	7.9	13.4	6.43	0.0329	0.0204	3031	Waspado	Danli	31/8/2016	0.0505	0.65	0.4246	0.0315	0.65	0.4191
195	40	2011	2	10.5	8.3	15	15	0.0406	0.0265	3031	Waspado	Danli	31/8/2016	0.1299	0.31	0.0978	0.0812	0.33	0.1062
196	41	2011	3	9.7	7.6	13.1	10.01	0.0370	0.0248	3041	Waspado	Danli	28/8/2016	0.0740	0.50	0.2503	0.0454	0.55	0.2978
197	42	2011	3	10.9	8.8	16.1	9.83	0.0495	0.0330	3041	Waspado	Danli	28/8/2016	0.0917	0.54	0.2906	0.0598	0.55	0.3052
198	43	2011	1	12.5	9.5	17.8	10.67	0.0674	0.0445	3041	Waspado	Danli	28/8/2016	0.1309	0.51	0.2647	0.0756	0.59	0.3454
199	44	2011	2	11.5	9.5	15.2	12.28	0.0600	0.0406	3041	Waspado	Danli	28/8/2016	0.1276	0.47	0.2216	0.0870	0.47	0.2176
200	45	2011	2	12	9.1	15.5	10.56	0.0585	0.0368	3041	Waspado	Danli	28/8/2016	0.1194	0.49	0.2403	0.0687	0.54	0.2870
201	46	2011	3	8.6	6.8	12.1	7.89	0.0292	0.0183	3041	Waspado	Danli	28/8/2016	0.0458	0.64	0.4045	0.0287	0.64	0.4083
202	47	2011	2	11.8	9.3	15.4	9.94	0.0553	0.0345	3041	Waspado	Danli	28/8/2016	0.1087	0.51	0.2583	0.0675	0.51	0.2610
203	48	2011	1	12.9	10.6	16.9	10.51	0.0729	0.0513	3041	Waspado	Danli	28/8/2016	0.1374	0.53	0.2815	0.0927	0.55	0.3065
204	49	2011	2	10.9	9	15.2	10.7	0.0536	0.0378	3041	Waspado	Danli	28/8/2016	0.0998	0.54	0.2877	0.0681	0.55	0.3076
205	50	2011	2	11.2	9.1	14.3	9.13	0.0497	0.0334	3041	Waspado	Danli	4/9/2016	0.0899	0.55	0.3052	0.0594	0.56	0.3163
206	51	2011	2	11.6	9.2	15.3	10.02	0.0504	0.0335	3041	Waspado	Danli	4/1/2016	0.1059	0.48	0.2268	0.0666	0.50	0.2523
207	52	2011	3	5	4.1	7	5.43	0.0092	0.0058	3041	Waspado	Danli	4/9/2016	0.0107	0.86	0.7473	0.0072	0.80	0.6463
208	53	2011	1	11.5	9.4	14.9	10.52	0.0535	0.0367	3041	Waspado	Danli	4/9/2016	0.1093	0.49	0.2395	0.0730	0.50	0.2532

Numero	N° de árbol Por finca	Año de establecimiento	Dominancia del árbol	Dn cc (cm)	Dn sc (cm)	Db (cm)	Ht (m)	Vcc (m3)	Vsc (m3)	Sección	Comunidad	Finca	Fecha	volumen del cilindro cc	ff cc	X2	volumen del cilindro cc	ff sc	X2
209	54	2011	1	12	10.2	16.1	9.88	**0.0617**	**0.0415**	3041	Waspado	Danli	4/9/2016	**0.1117**	**0.55**	0.3050	**0.0807**	**0.51**	0.2649
210	55	2011	3	9.8	7.5	13.89	8.98	**0.0393**	**0.0251**	3042	Waspado	Danli	4/9/2016	**0.0677**	**0.58**	0.3372	**0.0397**	**0.63**	0.3990
211	56	2011	1	11.9	9.4	15.6	8.43	**0.0520**	**0.0339**	3041	Waspado	Danli	4/9/2016	**0.0938**	**0.55**	0.3070	**0.0585**	**0.58**	0.3351
212	57	2011	3	8	6.2	11.1	5.84	**0.0201**	**0.0128**	3041	Waspado	Danli	4/9/2016	**0.0294**	**0.69**	0.4696	**0.0176**	**0.72**	0.5252
213	58	2011	3	8.3	7	8.02	11.5	**0.0247**	**0.0172**	3041	Waspado	Danli	4/9/2016	**0.0622**	**0.40**	0.1570	**0.0443**	**0.39**	0.1503
214	59	2011	1	14.2	11.5	17.6	10.53	**0.0742**	**0.0497**	3041	Waspado	Danli	4/9/2016	**0.1668**	**0.45**	0.1980	**0.1094**	**0.45**	0.2064
215	60	2011	2	11.8	9.2	15.3	9.9	**0.0537**	**0.0350**	3041	Waspado	Danli	4/9/2016	**0.1083**	**0.50**	0.2457	**0.0658**	**0.53**	0.2828
216	61	2011	2	8	6.5	11.2	8.28	**0.0245**	**0.0163**	3041	Waspado	Danli	4/9/2016	**0.0416**	**0.59**	0.3476	**0.0275**	**0.59**	0.3526
217	62	2011	1	10	7.8	14.2	8.39	**0.0398**	**0.0261**	3041	Waspado	Danli	4/9/2016	**0.0659**	**0.60**	0.3641	**0.0401**	**0.65**	0.4236
218	63	2011	3	8.9	7.1	11.8	7.48	**0.0256**	**0.0166**	3041	Waspado	Danli	4/9/2016	**0.0465**	**0.55**	0.3017	**0.0296**	**0.56**	0.3158
219	64	2011	1	11.6	9.2	16.9	9.26	**0.0529**	**0.0339**	3041	Waspado	Danli	4/9/2016	**0.0979**	**0.54**	0.2917	**0.0616**	**0.55**	0.3041
220	65	2011	2	10.2	8	14.1	9.56	**0.0399**	**0.0257**	3041	Waspado	Danli	28/8/2016	**0.0781**	**0.51**	0.2603	**0.0481**	**0.53**	0.2854
221	66	2011	3	7.5	5.6	11.9	6.92	**0.0197**	**0.0114**	3041	Waspado	Danli	28/8/2016	**0.0306**	**0.64**	0.4148	**0.0170**	**0.67**	0.4490
222	67	2011	3	7.5	6	10.6	6.6	**0.0200**	**0.0126**	3041	Waspado	Danli	28/8/2016	**0.0292**	**0.69**	0.4723	**0.0187**	**0.67**	0.4536
223	68	2011	2	8.7	7	13.3	6.77	**0.0225**	**0.0147**	3041	Waspado	Danli	4/9/2016	**0.0402**	**0.56**	0.3132	**0.0261**	**0.56**	0.3181
224	69	2011	2	8.5	6.3	10.1	7.53	**0.0215**	**0.0154**	3041	Waspado	Danli	4/9/2016	**0.0427**	**0.50**	0.2521	**0.0235**	**0.66**	0.4328
225	70	2011	3	8	6.2	11.8	7.26	**0.0251**	**0.0152**	3041	Waspado	Danli	4/9/2016	**0.0365**	**0.69**	0.4737	**0.0219**	**0.69**	0.4796
226	71	2011	3	8.1	6.7	11.8	7.46	**0.0239**	**0.0161**	3041	Waspado	Danli	4/9/2016	**0.0384**	**0.62**	0.3863	**0.0263**	**0.61**	0.3743
227	72	2011	2	11.9	9.9	17	7.62	**0.0526**	**0.0350**	3041	Waspado	Danli	4/9/2016	**0.0848**	**0.62**	0.3853	**0.0587**	**0.60**	0.3567

Numero	N° de árbol Por finca	Año de establecimiento	Dominancia del árbol	Dn cc (cm)	Dn sc (cm)	Db (cm)	Ht (m)	Vcc (m3)	Vsc (m3)	Sección	Comunidad	Finca	Fecha	volumen del cilindro cc	ff cc	X2	volumen del cilindro cc	ff sc	X2
228	73	2011	2	8.7	7	12	8.03	**0.0283**	**0.0191**	3041	Waspado	Danli	4/9/2016	**0.0477**	**0.59**	0.3508	**0.0309**	**0.62**	0.3804
229	74	2011	2	8.9	6.6	11.2	6.42	**0.0262**	**0.0164**	3041	Waspado	Danli	4/9/2016	**0.0399**	**0.66**	0.4312	**0.0220**	**0.75**	0.5572
230	75	2011	2	11	9.6	12.9	6.42	**0.0333**	**0.0238**	3041	Waspado	Danli	4/9/2016	**0.0610**	**0.55**	0.2984	**0.0465**	**0.51**	0.2621
231	76	2011	2	9.98	7.9	12.7	7.8	**0.0317**	**0.0197**	3071	Waspado	Danli	28/8/2016	**0.0610**	**0.52**	0.2704	**0.0382**	**0.51**	0.2648
232	77	2011	2	8.8	6.8	12.2	7.86	**0.0302**	**0.0183**	3071	Waspado	Danli	28/8/2016	**0.0478**	**0.63**	0.4000	**0.0285**	**0.64**	0.4123
233	78	2011	1	13.4	10.9	18.5	10.41	**0.0753**	**0.0490**	3071	Waspado	Danli	28/8/2016	**0.1468**	**0.51**	0.2633	**0.0971**	**0.50**	0.2542
234	79	2011	1	10.5	8.75	14.9	9.88	**0.0447**	**0.0295**	3071	Waspado	Danli	28/8/2016	**0.0856**	**0.52**	0.2729	**0.0594**	**0.50**	0.2461
235	80	2011	1	12.65	10.4	17.2	11.96	**0.0788**	**0.0520**	3071	Waspado	Danli	28/8/2016	**0.1503**	**0.52**	0.2751	**0.1016**	**0.51**	0.2616
236	81	2011	3	9.75	8	13	8.89	**0.0387**	**0.0258**	3071	Waspado	Danli	28/8/2016	**0.0664**	**0.58**	0.3402	**0.0447**	**0.58**	0.3336
237	82	2011	1	13.85	11.45	17.7	10.82	**0.0801**	**0.0452**	3071	Waspado	Danli	28/8/2016	**0.1630**	**0.49**	0.2413	**0.1114**	**0.41**	0.1645
238	83	2011	2	11.6	9.8	14.9	10.28	**0.0565**	**0.0386**	3071	Waspado	Danli	28/8/2016	**0.1086**	**0.52**	0.2704	**0.0775**	**0.50**	0.2476
239	84	2011	2	13.05	10.85	17.6	10.6	**0.0711**	**0.0474**	3071	Waspado	Danli	28/8/2016	**0.1418**	**0.50**	0.2516	**0.0980**	**0.48**	0.2335
240	85	2011	3	9.75	7.5	12.4	9.93	**0.0407**	**0.0262**	3071	Waspado	Danli	28/8/2016	**0.0741**	**0.55**	0.3009	**0.0439**	**0.60**	0.3558
241	86	2011	3	8.3	6.45	11.3	9.26	**0.0280**	**0.0178**	3071	Waspado	Danli	28/8/2016	**0.0501**	**0.56**	0.3113	**0.0303**	**0.59**	0.3448
242	87	2011	3	9.3	7.3	11.4	7.83	**0.0290**	**0.0188**	3071	Waspado	Danli	28/8/2016	**0.0532**	**0.55**	0.2983	**0.0328**	**0.57**	0.3303
243	88	2011	3	8.6	7	11.6	7.74	**0.0299**	**0.0206**	3071	Waspado	Danli	28/8/2016	**0.0450**	**0.67**	0.4423	**0.0298**	**0.69**	0.4800
244	89	2011	2	10.55	8.9	11.9	8.53	**0.0385**	**0.0264**	3071	Waspado	Danli	28/8/2016	**0.0746**	**0.52**	0.2671	**0.0531**	**0.50**	0.2481
245	90	2011	1	12.4	10.4	14.2	10.4	**0.0564**	**0.0391**	3071	Waspado	Danli	28/8/2016	**0.1256**	**0.45**	0.2017	**0.0883**	**0.44**	0.1955
246	91	2011	1	15.6	13.5	21.8	11.96	**0.1095**	**0.0790**	3071	Waspado	Danli	28/8/2016	**0.2286**	**0.48**	0.2296	**0.1712**	**0.46**	0.2129

Numero	N° de árbol Por finca	Año de establecimiento	Dominancia del árbol	Dn cc (cm)	Dn sc (cm)	Db (cm)	Ht (m)	Vcc (m3)	Vsc (m3)	Sección	Comunidad	Finca	Fecha	volumen del cilindro cc	ff cc	X2	volumen del cilindro cc	ff sc	X2
247	92	2011	3	11.85	9.5	15	10.94	**0.0606**	**0.0411**	3071	Waspado	Danli	28/8/2016	**0.1207**	**0.50**	0.2519	**0.0775**	**0.53**	0.2804
248	93	2011	1	16.05	14.4	22.2	11.91	**0.1283**	**0.0976**	3071	Waspado	Danli	28/8/2016	**0.2410**	**0.53**	0.2834	**0.1940**	**0.50**	0.2531
249	94	2011	3	13.1	10.75	17.7	9.8	**0.0748**	**0.0497**	3071	Waspado	Danli	28/8/2017	**0.1321**	**0.57**	0.3207	**0.0889**	**0.56**	0.3120
250	95	2011	2	12.5	10.8	15	12	**0.0729**	**0.0529**	3071	Waspado	Danli	28/8/2016	**0.1473**	**0.49**	0.2449	**0.1099**	**0.48**	0.2316
251	96	2011	2	16.45	13.7	21.9	12.8	**0.1405**	**0.1017**	3071	Waspado	Danli	28/8/2016	**0.2720**	**0.52**	0.2668	**0.1887**	**0.54**	0.2903
252	97	2011	3	9.65	8.35	11.7	8.84	**0.0337**	**0.0256**	3071	Waspado	Danli	28/8/2016	**0.0647**	**0.52**	0.2709	**0.0484**	**0.53**	0.2795
253	98	2011	1	14.3	12.15	19.1	13.27	**0.1035**	**0.0771**	3071	Waspado	Danli	28/8/2016	**0.2131**	**0.49**	0.2358	**0.1539**	**0.50**	0.2511
254	99	2011	2	14	11.8	19.7	12.24	**0.0937**	**0.0653**	3071	Waspado	Danli	28/8/2016	**0.1884**	**0.50**	0.2471	**0.1339**	**0.49**	0.2382
255	100	2011	3	8.7	6.85	12.4	8.7	**0.0278**	**0.0179**	3071	Waspado	Danli	28/8/2016	**0.0517**	**0.54**	0.2885	**0.0321**	**0.56**	0.3131

Factor con corteza		Factor sin corteza	
desviación estándar	0.08	desviación estándar	0.08
coeficiente de variación	13.92	coeficiente de variación	14.68
error estándar	0.00	error estándar	0.01
límite superior	**0.56**	**límite superior**	**0.57**
límite inferior	**0.54**	**límite inferior**	**0.55**
error relativo	**1.71**	**error relativo**	**1.80**

ff Waspado	0.54		**ff Waspado**	0.55
ff Mutiwas	0.57		**ff Mutiwas**	0.57
ff Danli	0.53		**ff Danli**	0.54
ff promedio	0.55		**ff promedio**	0.55

Anexo 7 Fotografías sobre el proceso en campo y recopilación de los datos.

Medición de secciones
para troceo

Troceo del árbol
por secciones.

Levantamiento de datos

Longitud de punta.

Printed by Books on Demand GmbH, Norderstedt / Germany